U0050665

創意・美味・精緻 84道純素料理

視覺&味蕾的雙重享受

Amazing Vegetarian Cuisine

素西餐

名店主廚的
五 星 級 美 味 蔬 食 料 理

Green Vege Café 創始人

杜林 ——— 著

吃一口彩虹，吃一口宇宙的愛

　　我常常親自清洗蔬果，以此簡單的工作來開始一天的忙碌。雙手感受流水汨汨滑過指縫，塵土在掌心和蔬菜的表皮互相摩擦，邊撫摸在池子裡翻滾的彩虹般的蔬菜，邊微笑想著，黃瓜先生要脆脆的、蕃茄小姐也要更甜哦！這樣快樂地準備料理，常常連自己也覺得有一點傻氣。對很多人來說，這或許是無聊的工作，但對我而言，每天和食物的互相陪伴，卻是令我保持簡單的快樂泉源。

　　對於食物的探索，令我保持童心。

　　為什麼吃到一塊豆腐，我會笑個不停？

　　為什麼只是一碗飯，吃起來卻那麼滿足？

　　為什麼加一小撮鹽，讓一道甜品變得更完美？

　　當自己準備的料理最終也在品嘗者的口中化開，成為讓對方感到幸福的能量時，我漸漸明白食物、料理人、品嘗者和天地之間的關係。天地在某段時間賦予某種食物的能量，料理者透過平衡的方式，讓食物完成從離開土地到被品嘗者接受其宇宙能量的旅程，成就一段完整的能量傳遞。

　　食，就是宇宙對萬靈愛的傳遞。

　　使料理美味的祕訣有千萬種，而亙古不變的是料理者的誠意和汗水！唯有加入愛，唯有懷著喜悅的心情，才能做出讓料理者和享用者同時感到溫暖的幸福料理。

目錄 *Contents*

part 4 花樣主食

part 5 異國風情香料料理

飲食裡的療癒哲學

關於素食與健康的問題，現代醫學已推翻20年前認為素食會引起蛋白質不足的理論。事實上，許多豆類富含的植物性蛋白比動物性蛋白更容易被人體吸收和轉化，而且在現今環境汙染嚴重的情況下，動物性飲食所累積的毒素是植物的百倍至千倍。即便已遵行素食的飲食原則，卻仍會防不勝防面臨基因改造、除草劑、農藥、人工添加劑和氫化物等隱患。素食者食用過多的「仿葷」製品，或遵行片面的飲食哲學，也都會引起身體的失衡而無法達到以食物療癒我們身心。

根據《神農本草經》記載，將藥物的性能和使用目的分為上、中、下三類，上藥是最好的藥物，其實就是最好的食物，也是對人體最沒有危害、最安全的。下藥則是我們現在的草藥。而被大眾廣泛接受和使用的合成西藥，則是「毒藥」。如果想不吃「毒藥」，我們就要在每天的餐盤中進行革命。

希臘的醫學之父希波克拉底有一句名言：「你吃什麼，你就是什麼。」（you are what you eat.）在資訊愈來愈發達的時代，有太多資訊告訴我們吃什麼會變得健康，只是生活是一場有關平衡的遊戲，世界上沒有哪一種神奇食物是可以治百病的。當身體出了問題，一定是某方面失去平衡，找到最適合自己的飲食，才是根本之道。

古印度的上主奎師那在《薄伽梵歌》中送給世人健康快樂的飲食良方——悅性飲食。從這個角度出發，食物被定義成三種類型：悅性、變性和惰性。

悅性食物

包括有機水果、全穀物、蔬菜（除了五辛）、豆類、堅果、溫和天然的香料、草藥和適量的有機茶。悅性食物容易消化，不易堆積尿酸和毒素，經常食用有助於我們產生自我肯定和認識、祥和、自律、穩定情緒以及保持喜悅。

變性食物

現在的食物種類中占比最多的一種，包括咖啡、濃茶、巧克力，碳酸飲料、醬油、調味料、泡菜、精緻米麵、膨化食品以及糖果，我們往往過多的攝取，常食用會導致不安的動作和激動的情緒，無法進行自我控制，也無法安定情緒。

- 惰性食物

包括所有的肉類、魚類、蛋類、五辛、菇類、菸酒、味精、麻醉藥品、陳舊腐敗或放太久的食物。此類食物會讓身心受到欲望的支配，同時會導致身體機能倦怠，抵抗力和免疫力下降。

一個合理的餐盤必須富含全穀、適量的蔬果，以及少量的堅果和豆類。

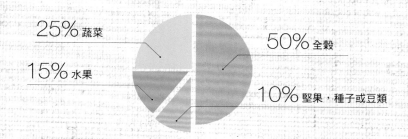

25% 蔬菜
15% 水果
50% 全穀
10% 堅果，種子或豆類

類似「少吃油脂，少吃鹽，少吃糖，多吃纖維和複合碳水化合物，特別是從全穀物、豆類、新鮮蔬果中獲取」，這樣的原則聽起來很簡單，但如果食物乏善可陳、沒有新意，那改變就會變成一件需要毅力去堅持的工程。根深蒂固的飲食習慣，使得我們難以相信別人改善健康的建議。但如果可以做出美味又漂亮的料理，同時循序漸進地做調整，就能輕而一舉做出改變！

使用本書的朋友，在閱讀的過程中會漸漸知道料理食物的規則以及素食對人體的好處，你會驚訝這些食物對人體的幫助如此大，還能瞭解到美食家的晚宴也可以在食素者的餐桌上舉行。

希望本書可以為你和食物之間搭起更為開放的關係——食物，不僅僅讓我們填飽肚子、獲得慰籍，更能成為修復和療癒身體，便我們重返平衡的微妙能量。

吃素的 8 大優點

‧ 心靈平和安詳

不管我們選擇吃素的出發點為何，都意味著減少動物因人類的口腹之欲而被殺的機會。無論是每週一吃素，還是完全素食，在每次進餐時都可以重複告訴：「願我們的一舉一動使別的生命無敵意、無危險。」久而久之，對動物、對身邊的親朋好友，甚至是陌生人，都用這樣的心去對待之外，還可以減少很多惡性競爭和爭執，自己也會活得更自在、快樂。

‧ 愛護地球

在「世界環境日」，聯合國向大家發起素食倡議：每週吃一次素食，你將會節約9463升的水。這些水可以生產453克的牛肉。另外，還可以減少畜牧業產生的溫室氣體排放。這一措舉可以節水和減少空氣汙染。水和空氣與我們的生活息息相關，保護水和空氣就是在保護我們的生命。

‧ 減少疾病發生

健康是一件往往在失去以後才意識到珍貴的東西，疾病不僅使自己和親人痛苦不堪，也是沉重的經濟負擔。即使是一週只吃一次素食，也能降低罹患慢性疾病如癌症、心臟病、糖尿病、高血壓和肥胖等風險。

‧ 增強耐力

很多人對素食者的印象是柔弱的。事實上，素食的少林僧人以武術造詣聞名於世，向全世界展示著力量、耐力和柔韌性。據北京奧運會餐飲總監估計，有20%的運動員都是素食主義者。就像自然界的肉食動物與草食動物的區別一樣，素食者耐力更強。拳王泰森在選擇完全素食之後，不但繼續運動生涯，而且性情變得溫和。

‧ 輕鬆擁有好身材

一般來說，素食者攝取的卡路里會比較低，以蔬菜、水果、全穀物為主，適當補充堅果等膳食，會讓你容易保持身材。

· 肌膚健康有光澤

　　很多存在於水果和蔬菜中的
維生素、色素和植物化學素（比
如花青素），會使我們的肌膚變
得更健康，例如藍莓、黑莓和桑
葚等藍紫色水果都富含抗氧化
劑，可有效擊抗營養不良及環境
因素導致的皮膚損傷。地瓜富含
胡蘿蔔素，能在體內轉化為維生
素A和維生素C，這兩種維生素
可讓皮膚健康、有光澤。

· 縮短備餐時間

　　一般來說，蔬果的處理和後
續的清洗會比肉類更容易，吃完
飯的碗也較容易洗乾淨。夏天可
以準備一些沙拉、果昔，既健康
又省時。

· 與家人相處時間增加

　　素食想要吃得好，往往需要花一些心思，這帶給我們更多在家吃飯以及與家人相處的
機會。在用心處理食物的同時，也在培養我們對家人的關愛之心。

　　願愈來愈多的朋友嘗試素食，大家吃好喝好，身體健康，帶著一顆溫和寬容的愛心，
讓這個世界更美好，也讓我們自己更幸福。

好食材介紹

如果你廚藝馬馬虎虎，不會太多花樣，只要擁有好食材，照樣可以做出美味的佳餚！

市面上的食用油種類繁多，對於烹飪新手來説，該如何選擇呢？從健康角度出發，選用油的原則是：**不飽和優於飽和／單元不飽和優於多元不飽和／Omega-3優於Omega-6。**

玉米油、葵花籽油的Omega-6脂肪酸含量最高，Omega-3脂肪酸含量低，常年食用對健康危害較大。亞麻仁油、橄欖油、芥花油的Omega-6與Omega-3比例最佳，其中亞麻仁油和橄欖油含有最多的單元不飽和脂肪酸，對心臟有很好的保護作用。而在蛋糕、餅乾等零食中廣泛使用的人造奶油、植物奶油或酥油，則是對人體健康危害極大的氫化物，應避免食用。

我經常使用的油有三種：

・橄欖油

富含Omega-9，不論熱炒、煎炸都不易氧化，它還能維持血液中好的膽固醇值，預防動脈硬化，調節血壓、血糖，控制胃酸，改善便祕等功效。
在選擇橄欖油的技巧上，製造日期愈新鮮愈好，酸度在0.3～0.8之間最佳。如果有機會去歐洲或地中海國家，一定要嘗試一些小莊園生產的油。

・芥花油

橄欖油適合生食，芥花油則適合炒菜和煎炸。芥花油的飽和脂肪酸是所有油類最低的，同時富含亞麻油酸和次亞麻油酸，對心臟疾病有積極的預防作用。但挑選時以非基轉的芥花油為原則。

・椰子油

單從熱量來看，雖然椰子油比黃油還要高，但其含有豐富的月桂酸、抗氧化抗菌，都有助於腦部運作和增強抵抗力。冷壓初榨椰子油終究是瑕不掩瑜的好油。

海鹽

檸檬

在國內購買到的鹽大部分都是加碘鹽，對於健康的人來說，實在沒必要，反而對腎臟產生過多的負擔，所以如果沒有缺碘症狀，建議現在開始就要停止食用加碘鹽，改用可以輕輕鬆鬆使料理美味大升級的「海鹽」吧！

我最常用的是英國的莫頓或日本沖繩島生產的雪鹽，前者主要用於烹煮時襯托出食材最原始的美味，後者更易融化，適合食用時增添味道。只要有好油和好鹽，就能做出媽媽味道的家常料理。另外，甜品裡加一小撮鹽，口感會更豐富喔！

說起檸檬，全身上下都是寶貝，其含有天然的抗氧化劑，清新的味道和任何蔬菜都很搭，廣泛應用在沙拉、甜品、飲品、料理中。如果在料理中加入酸味，需減少鹽的用量，因為酸味會提升鹹味。

清晨空腹喝一杯檸檬薑水，是最佳的排毒飲；檸檬皮屑可增添菜色的風味，令人難以忘懷；檸檬水簡直是我家夏日的飲品，一些氣泡水，真是棒極了！

薑

薑泥涼拌菜、薑絲炒青菜、薑片熬薑油……無論是中式或西式料理，我都喜歡加一些薑來平衡大部分蔬菜的寒性。如果感冒了，第一時間喝杯紅糖薑水，能有效紓緩症狀。薑的保存也非常容易，放在通風處即可。

天然甜味

精製糖是我們每天生活會接觸到的調味劑，經常食用不僅會引發齲齒、肥胖之外，還會引起毛孔粗大、骨質疏鬆和溢脂性脫髮等危害。雖然大家都知道糖對人體的影響，但還是很難離不開它，難道就此和甜品永不相見了嗎？

和大多數食材的選擇一樣，甜味的來源也是有好壞的，並不是所有甜的食物都是不好，原則就是首選「天然的」。換句話說，**請把白砂糖請出廚房**。

天然的紅糖、椰糖、楓糖、糖蜜、蜂蜜、龍舌蘭蜜、果乾等，只要使用一次，你會發現這些天然的甜味不僅芳香迷人，營養也相對完整，更重要的是會帶給你真正的滿足感。

我最常用的天然甜味有三種：

· 楓糖漿	· 紅糖	· 椰棗

以楓樹液熬煮而成的楓糖漿，從加工的角度來看，質地算是非常純粹的。通常分為A、B級，A級楓糖漿味道淡雅，不搶走食材的味道，B級楓糖漿顏色和味道都更耐人尋味，適合直接淋在鬆餅或麥片上食用。

不是所有的紅糖都是紅糖，市售紅糖大部分都是砂糖和黑糖蜜的混合物。產自雲南的古法紅糖，是我廚房的必備好貨。小孩子若是感冒初期，紅糖水是可以驅寒暖身的，如果半夜抽筋，可將水和糖以1：1的比例混勻後飲用，能有效舒緩症狀。

在中東生活時的最佳零食，那時正值懷孕，胃口極佳，聽說椰棗營養豐富，每日都吃十幾粒。最好的品種是medjool dates，夾著堅果，就是個很棒的小點心，還很容易做成麵包抹醬，或加穀奶中，增加甜味。
椰棗富含果糖，不會導致血糖急速升高，即便是糖尿病者可安心食用，豐富的膳食纖維很適合老年人，對兒童的大腦發育也很幫助，應該成為家裡常備食物之一。

好用工具介紹

我是個極度實用主義者，從來不會購買具有設計感卻不實用的物品，有多功能的就不會買單一功能的。對於有限的廚房空間而言，效率就是第一位。接下來，說明一些可以事半功倍的好用工具！

鋸齒刀 | **適用於切番茄等連皮蔬果以及麵包**

對於料理素食來說，有兩把刀就夠了。一把蔬果刀，視手的大小，合用即可，另一把為鋸齒刀，則可錦上添花，讓番茄、麵包、檸檬等食物切起來更順手。

砧板

砧板以不發霉、不裂開為標準。木質砧板最佳，再來是經過環保抗菌處理的竹子砧板，塑膠砧板勉強可以接受。

量具 & 電子秤

我自己的料理風格是「用料適量」，靠目測和手感，但製作烘焙時，仍要依賴量具和電子秤的幫助。市面上的量具選擇非常多，挑選時要選耐用、容易疊放的類型。特別要注意的是，日本產的量杯只有200ml，和國際標準250ml有差別，本書中的量杯皆指250ml。

削皮器 | **用於切出均勻的片狀和條狀**

壓泥器 | **用於製作澱粉含量較高的泥狀食物**

如果你是一個廚藝內高手，自然可以用刀如神，切出細如髮絲的胡蘿蔔絲、薄如蟬翼的馬鈴薯片，否則還是要購買一個多功能削皮器，省時又省力，日本的或歐洲的都很好。而壓泥器則可以製作出非常有質感的馬鈴薯泥、地瓜泥和豆腐泥等食物。

檸檬榨汁器 | **取檸檬汁或橙汁**

我特別喜歡用檸檬來增加菜餚的風味。一個好的檸檬榨汁器，對我來說是不可或缺的工具。

多功能食物料理機 | **用於濃湯、醬料及穀奶飲品的製作**

如果想要自製市面上的半成品醬料，就需要一臺多功能料理機。

其他工具

愛做烘焙的，少不了打蛋器；愛做日式料理的，少不了研磨鉢，還有刮麵糊最佳利器矽膠鏟；做巧克力必不可少的雙層煮鍋，以及撈麵器、木鏟、漏網、金屬夾、磨皮器等等。所有工具都可以讓我們在廚房工作時更得心應手。

本書食譜份量説明：
1量杯＝250ml
1 小匙=5ml
1 大匙=15ml

素西餐的美味靈魂

香料

在我對香料運用還不是非常熟悉的時候，只要看到難買到的香料，我就會毫不猶豫地購買。對我而言，香料具有讓素食變得多樣、美麗和神祕的特點。如要顏色跳躍開胃，可用藏紅花、薑黃粉或紅辣椒；想要去腥去澀，可用百里香、月桂葉、紫蘇科或迷迭香。春夏可多用辛辣口味，譬如生薑、胡椒、唐辛子、芥末、山葵等，而秋冬則可多用芳香口味的香料，如大茴香、百里香、肉豆蔻、肉桂、丁香等。

羅勒（九層塔，紫蘇）
鎮咳、健胃、驅風寒、促進
消化、消除疲勞。

香菜（芫荽）
解毒、消毒、鎮咳、
祛痰、健胃。

鼠尾草
促進消化、鎮靜、
解熱、鎮痛。

迷迭香
助消化、鎮靜、強化心腦。

百里香
止咳、化痰、殺菌、防腐。

牛至（披薩草）
解毒、殺菌、促進消化、
健胃、鎮咳、鎮靜。

月桂葉
鎮靜神經痛、有益毛髮。

山葵
健胃、增進食欲、
振奮神經。

薄荷
清涼、解熱、鎮痛、
促進消化、健胃。

肉桂
健胃、驅風寒、發汗、
解熱、止痛、鎮靜、防腐。

薑黃
止痛、止血、健胃、防腐。

荷蘭芹
利尿、預防貧血和口臭。

黑胡椒
助消化、調理腸胃、
驅風寒、利尿、鎮痛。

生薑
健胃、消毒、解毒、
止頭痛。

八角
驅風寒、祛痰、止吐。

紅辣椒
助消化、止痛、
調理腸胃。

蒔蘿（茴香）
健胃、利尿、安眠、鎮靜。

素西餐的美味靈魂

沙拉醬

能不能瞬間愛上沙拉，關鍵在於「醬料」。學會如何做出不同口味的沙拉醬料，你就不會被超市琳琅滿目的進口醬料給欺騙啦！

・ 酸甜草莓黑醋醬

一家好的西餐廳，一定會有它的招牌醬料。在普素，我們的招牌醬料是酸甜草莓黑醋醬，其成分為有機天然、無油、低鈉和無麩質。

材料：

草莓果醬	1/4量杯
義大利葡萄黑醋	1/8量杯
醬油	1/2小匙

（若對無麩質過敏者，可用減鹽醬油替代）

檸檬汁	4大匙

做法：

用料理機把以上食材拌勻。

・ 果味油醋香草醬

炎炎夏日，把沙拉菜和當季水果一起搭配，淋上這款清爽的油醋汁，是我沒有胃口時的最佳一餐。

材料：

特級初榨橄欖油	2量杯
檸檬汁	1/2量杯
義大利混合香草	1小匙
紅椒粉	2小匙
海鹽	2小匙
現磨黑胡椒	1小匙
橙汁	1/2量杯

做法：

混合以上食材，以打蛋器攪拌至稍微黏稠的乳化狀態。

・ 日式和風沙拉醬

和任何沙拉菜都很搭配，還可當作涼麵的佐料喔！

材料：

白芝麻	1/4量杯（低溫烘焙）
淡口醬油	3/4量杯
水	1/4杯
檸檬汁	2大匙
味醂	1量杯（煮沸至半杯）
日本七味粉	1/2小匙

做法：

把以上食材放入料理機內，以間歇性方式攪拌3次。使用前搖勻即可。

· 印尼風味花生醬

搭配炒高麗菜、黃瓜、番茄、豆芽、豆腐等，就是印尼著名的加多加多沙拉了。

材料：

花生醬	1/2量杯
水	2大匙
芥花油	1大匙
檸檬汁	2大匙
椰糖（紅糖）	1大匙
鹽	1/4小匙
醬油	2小匙
咖椰醬	1/2量杯

做法：

花生醬用水化開後，與其他食材一起攪拌均勻。

· 腰果沙拉醬

想要奶油般的潤滑口感，選做這款沙拉醬就對啦！

材料：

生腰果	1/2量杯
水	1量杯
檸檬汁	2大匙
海鹽	1/2小匙
楓糖醬（蜂蜜）	2大匙

做法：

食材（除檸檬汁外）使用料理機打勻後，以小火加熱並不斷攪拌至沸騰，倒入檸檬汁即可。

· 味噌芝麻醬

與汆燙過的青菜很速配。

材料：

白芝麻醬	2大匙
味噌	1大匙
紅糖	1/2小匙
淡口醬油	1小匙
米醋	1小匙
薑末	1小匙
熱開水	1/4量杯

做法：

用熱開水將味噌化開後與其他食材拌勻。

素西餐的美味靈魂

這個世界上有各式各樣美味的醬料，其中最經典的莫過於紅醬、青醬和白醬，也正好對應著義大利國旗的顏色！淋上不同的醬汁，餐點的風味也大有不同！

• 紅醬

紅醬是西餐中運用最廣泛的醬料之一。比起品種，番茄的成熟度更為重要，新鮮香料的運用也是讓紅醬更具滋味的祕密之一。每年夏天，我都會趁著番茄好吃又便宜的時候，做好幾大罐送給友人。

材料：

橄欖油	3大匙
薑	1公分長（切末）
羅勒	1把
牛志	1把
香菜籽粉	1大匙
薑黃粉	1小匙
紅椒	1個（切丁）
番茄	20個

做法：

1. 取番茄10個，切成丁，另10個用攪拌機打成泥，備用。
2. 取深鍋用小火加熱橄欖油，依序放入香菜籽粉、薑黃粉和薑末，翻炒均勻後，放入羅勒、牛志以小火煸炒1分鐘。
3. 加入紅椒翻炒至香後，放入番茄丁，轉中火炒約3分鐘。
4. 最後加入番茄泥，先以大火熬煮到醬汁沸騰後，改以小火熬煮30分鐘至醬汁濃稠。期間需要不斷攪拌，以免鍋底焦糊。

• 青醬

這是米其林廚師的祕密配方，我嘗
試多次，和直接用新鮮香料來製作
青醬相比，色澤和醇香味都更勝一
籌！它不只可用於義大利麵、蒸馬
鈴薯、燒烤蔬菜等料理，搭配東方
食材如豆腐、牛蒡、竹筍等也非常
適合，可說是萬能醬料。

材料：

義大利荷蘭芹	20克
荷蘭芹	20克
羅勒	150克
特級初榨橄欖油	1/2量杯
海鹽	少許
松子	1/2 量杯（低溫炒熟）
現磨黑胡椒	少許

做法：

1. 先準備好一鍋冰水備用，取一深
   鍋，放入至少1.5升的水，煮開後
   放入少許海鹽，再放入義大利荷蘭
   芹、荷蘭芹、羅勒，燙軟後立刻撈
   出泡入冰水中。

2. 將橄欖油、海鹽、松子、黑胡椒，
   以及處理過的香草放入攪拌機內，
   加1～2小匙冰水一起拌成醬料。

・白醬

我特別喜歡美乃滋這個翻譯，讓人
產生吃完美滋滋的愉悅聯想，而這
款醬料也是餐廳中最受歡迎的一款
醬料。無論是搭配三明治，還是做
成超滿足感的義面沙拉，美乃滋都
是不可或缺的重要元素。

純素乳酪

材料：

鷹嘴豆粉	40克
芥花油	145毫升
豆奶	600克
酵母精華（yeast extract）	1小匙

做法：

1. 鍋內燒熱，倒入45毫升的芥花油
   後，放入鷹嘴豆粉翻炒，再加入豆
   奶，使用打蛋器邊加熱邊攪拌，直
   到鍋內液體微微冒泡。關火後，加
   入酵母精華，攪拌均勻。
2. 將醬料倒入料理機，由低速慢慢旋
   轉至高速，緩緩加入剩下的芥花
   油，直到醬料成濃稠半凝固狀。

比傳統蛋黃醬更美味的純素美乃滋

材料：

豆奶	1杯
檸檬	1個（取汁）
芥末	2大匙
海鹽	2小匙
楓糖醬	2大匙
芥花油	2杯

做法：

將所有材料（除了油之外）放入攪拌
機中，旋轉至高速後慢慢倒入油，直
到機內的液體乳化成半固體狀。完成
的醬料可在冰箱冷藏5天。

素西餐的美味煮法

米飯 食用糙米需特別注意的是浸泡和清洗。因為所有穀類的外殼有一層酸性保護膜，浸泡可以喚醒種子的活性，清洗可以把酸性物質去除。

材料（4人份）：

糙米	250克	五穀＋礦泉水	950克
黑米	10克	海鹽	1小匙
燕麥米	50克	檸檬汁	1大匙
紅米	20克	特級初榨橄欖油	1大匙
藜麥	50克		

做法：

1. 把所有穀類洗淨後，用礦泉水浸泡至少8小時。

2. 將浸泡後的穀類再次以流動水清洗，瀝乾後加入礦泉水、海鹽、檸檬汁和橄欖油，放入電子鍋內，按煮飯程式即可。

3. 當電子鍋完成煮飯後，先不要掀開鍋蓋，以保溫模式繼續燜30分鐘。

燉飯

第一步是「乾炒生米」，是做出燉飯既柔軟又彈牙的祕密之一。

在平底鍋中以微火翻炒米粒，直到米粒由透明轉白，倒入油，讓米粒吸飽充足的油分，再一點一點地加入已滾熟的高湯。一人份的燉飯，每次只加入一大匙的高湯。經過30～40分鐘後，自然煮成一鍋黏糊糊、香噴噴的燉飯。

至於米，當然選用義大利米最好。沒有的話，東北米或日本米也可以煮出美味的燉飯喔！

義大利麵

義大利麵的料理有很多變化的空間。掌握醬汁調味和煮麵技巧就可以做出西餐廳的感覺！

想要煮吃Q彈有勁的的義大利麵，首先，煮水量要充足，像煮2人份的麵條（180克），就需要放入3000毫升的水。再來，煮義大利麵的水如海水一樣鹹，千萬不要在水裡加入油，因為會讓義大利麵條失去裹住醬汁的黏性。取出麵條的時間要比包裝指示時間早1分鐘，瀝乾後即可。煮麵的水可以留一部分，當作煮義大利麵時的「高湯」。

health salad

part 1

輕食沙拉

提及沙拉，總是和生冷相關聯，脾胃就本能
拒絕。所以想要做出適合我們的沙拉，就應
減少生食部分，多加一些經過加熱的材料，
搭配各種風味的醬料，同樣可以五彩繽紛、
口味多樣。在料理的時候，請放心運用手邊
現成的食材，創作出繽紛的沙拉喔！

薄荷醬馬鈴薯沙拉

這款清新的暖沙拉是我極其鍾愛的一道療癒系料理，當我心情低落胃口時，它總能讓我打起精神。除了蘆筍以外，豌豆、甜豆、刀豆、蠶豆也可入菜。總之，只要是春天的食材，似乎和馬鈴薯都可以作伴的！

材料（2人份）：

中等大小的馬鈴薯	2個
	（約600克，蒸熟）
毛豆	100克
板豆腐	150克（碾碎）
芥末芽苗菜	適量

佐料：

現磨黑胡椒	適量
A	
薄荷葉	1量杯
薑	5克（切末）
特級初榨橄欖油	1量杯
檸檬汁	2大匙
松仁	1量杯（小火烘香）
海鹽	適量

做法：

1. 將蒸熟的馬鈴薯碾碎，保留大小不均的塊狀。毛豆用鹽水燙8分鐘後過冰水，備用。
2. 保留一些薄荷葉和1/3杯的松仁備用。把A佐料放入攪拌機打成醬料。
3. 把醬料加入做法1中，攪拌均勻。裝盤後，灑上豆腐、松仁、芽苗和薄荷葉，適量撒上黑胡椒和海鹽。

health salad

中東小米沙拉

市售的中東小米非常易熟，格外的方便快捷做成好吃的主食沙拉，冷熱皆宜。裡面的蔬菜可以按照五行顏色來隨意搭配。配料中的香料除了增加口味，還有平衡寒熱的功效。如果省略香料，薑和黑胡椒的比例就需多一些！

材料（2人份）：	
中東小米	100克
紅彩椒	1/4個（切丁）
黃彩椒	1/4個（切丁）
綠櫛瓜	1/2個（去瓤切丁）
A	
煮熟的鷹嘴豆	1杯（碾碎）
蘋果	1個（切丁）
葡萄乾	1把
南瓜籽	1把（微火烤香）
檸檬汁	2大匙
酸豆	1大匙（切碎）

佐料：	
特級初榨橄欖油	3大匙
香菜籽粉	1小匙
薑黃粉	1小匙
孜然粉	1小匙
薑	1公分（磨成薑泥）
海鹽	1/2小匙
現磨黑胡椒	適量

做法：

1. 鍋內放入1000毫升的水，倒入中東小米，按照包裝上的時間煮熟，瀝乾。
2. 以小火熱油，放入香菜籽粉、薑黃粉、孜然粉和薑泥炒香後，加入1/4的海鹽和黑胡椒，拌入中東小米中。
3. 彩椒和綠櫛瓜先以中火炒約2分鐘，再將A食材和剩下的海鹽一起放進中東小米中，攪拌均勻。

凱撒沙拉

傳統的凱撒醬用大量的黃油和雞蛋，看似輕盈的沙拉卻暗藏高脂肪和
壞膽固醇。而純素凱撒醬巧妙運用豆腐，製造出豐富的口感，搭配橄
欖油和香料烤出的麵包丁，依然穩坐沙拉菜單中的龍頭老大！

材料（2人份）：

羅馬生菜	1顆
嫩豆腐	1盒
酸黃瓜	2根
壽司海苔	2大張
義大利拖鞋麵包	1個（切丁）

佐料：

A

純素美乃滋	1量杯
酸豆	2大匙
芥末醬	2大匙

B

特級初榨橄欖油	4大匙
乾燥的碎羅勒	1小匙
乾燥的碎牛至	1小匙
現磨黑胡椒	適量

做法：

1. 使用攪拌機將豆腐、酸黃瓜、海苔和佐料 A 攪拌成凱撒醬。
2. 混合佐料 B，讓麵包丁均勻包裹香料後，放入180℃烤箱中烤至表面酥脆，約5分鐘。
3. 食用前才掰碎生菜葉，加入適量的凱撒醬和香草麵包丁混勻即可。

生櫛瓜絲沙拉

這樣的「盜版」義大利麵在生食界很流行，我只在炎夏的中午才會吃這道爽口無油的料理。芒果的熱性和薄荷的辛涼剛好平衡，若沒有櫛瓜，也可用西葫蘆代替櫛瓜來製作喔！

材料（2人份）：

櫛瓜	1個
芒果	1個（去皮，取肉）
嫩豆腐	100克
松子	1把（小火炒香）

佐料：

A

薄荷葉	10片
羅勒葉	5片
薑	3公分長（去皮切碎）
檸檬汁	1大匙
海鹽	1/2小匙

做法：

1. 櫛瓜使用削皮器削成細條狀備用。不吃生食者，可用熱水汆燙櫛瓜絲後用冰水過涼。
2. 將芒果、豆腐及佐料 A 放入攪拌機內，打成芒果薄荷醬。
3. 將櫛瓜與薄荷醬均勻混合，最後撒上松子。

奇亞籽甘藍碧根果沙拉

你可以將抱子甘藍一切為二，烤一烤或煮一煮！但刨成細絲的抱子甘藍，特別是微焦的口感，一定會給你超乎想要的美味！

材料（2 人份）：

抱子甘藍絲	200克
紫甘藍絲	100克

A

檸檬汁	1大匙
酸豆	1小匙（切碎）
新鮮歐芹	2枝（取葉切末）
新鮮百里香	1枝（取葉）

B

無花果乾	6個（切片）
碧根果仁	30克（小火烘香，壓碎）
芝麻菜	10克
奇亞籽	10克（小火烘香）

佐料：

薑段	1公分（去皮切末）
特級初榨橄欖油	2大匙
海鹽	1小撮
現磨黑胡椒	適量

做法：

1. 以中火熱鍋熱油，薑末爆香後放入捲心菜絲，不斷快速翻炒至微微的焦黃時，加入海鹽和黑胡椒。以同樣的做法處理紫甘藍絲。
2. 將 A 材料加入做法 1，混合均勻後裝盤，撒上材料 B 即可。

羽衣甘藍酪梨南瓜沙拉

這道沙拉是餐廳裡最受歡迎的一道暖沙拉，微苦的羽衣甘藍、甜甜的南瓜以及人氣水果酪梨的搭配，在口感上形成完美的平衡。如果買不到羽衣甘藍，可以用塔菜、油麥菜等微苦口感的蔬菜替代。

材料（2人份）		
羽衣甘藍	200克（取葉去莖）	
南瓜	50克（蒸熟切片）	
櫻桃番茄	50克（對半切）	
酪梨	1個（切塊）	
杏仁片	50克（微火炒香）	
薄荷葉	9片	
羅勒葉	9片	
苜蓿芽	適量	

佐料	
海鹽	1小撮
現磨黑胡椒	適量
A	
特級初榨橄欖油	1大匙
義大利葡萄黑醋	1大匙
草莓果醬	1大匙
醬油	1小匙

做法：

1. 使用打蛋器把佐料 A 攪拌均勻，備用。
2. 鍋內熱油，以中火快速翻炒羽衣甘藍，微微縮水即可離火，以海鹽和黑胡椒調味。再加入南瓜、番茄和酪梨輕輕混合均勻。
3. 裝盤，表面撒上杏仁片、薄荷葉、羅勒葉和苜蓿芽，淋上做法 1 的沙拉醬。

Superfood

抱子甘藍

一直以來,我用處理捲心菜的方式來對待抱子甘藍,認為它就是迷你版的捲心菜。作為廚師,當然要挖掘將食材美味發揮到極致的做法,於是有了這款簡單卻好吃到停不下來的奇亞籽甘藍碧根果沙拉。

除了口味上更顯柔嫩外,抱子甘藍在營養上的表現也非常突出。它的小葉球蛋白質含量是所有甘藍類蔬菜裡最高的,維生素 C 的含量也極高。如果夏天曬黑了,想要秋冬白皙透亮,可多吃一些像抱子甘藍這樣的蔬菜呀!

羽衣甘藍

對羽衣甘藍的喜愛,是從碰觸到它卷卷的葉片開始的。生吃略嫌寒涼,比較好的食用方式是加入薑絲快炒,或在高溫下短時間炙烤。就算只撒一把海鹽,對於喜歡它微微苦澀味道的我來説,是極好的下飯菜。

説到它對身體的好處如下:
- 含鈣量比牛奶更高。
- 更易被人體吸收。
- 含鐵量比牛肉要高。
- 低卡路里、高纖維、零脂肪、富含維生素 A、維生素 C 和維生素 K。
- 經常食用可淨化身體,同時也是天然的消炎藥。

soup in solar terms

part 2

節氣濃湯

西餐中經常會出現湯料理，但這些湯品往往
都是濃湯。濃湯是要選得好，可以為整頓餐
增色不少。同時，溫暖身體和心靈，這是一
碗好湯的標準。

春日田園冬菜湯

當我在中東的一家餐廳裡品嘗到雪裡紅時,那種驚訝是可想而知的。
成為常客後,便和廚師熟悉起來,他是一位很可愛的年輕日本師傅,
他對家鄉的思念,成了他創作料理的靈感源泉。

這款湯品,可在盛產蠶豆的季節,把青豆仁換成蠶豆瓣,味道會相當
不錯,即使平時吃不慣西餐的長輩,也會讚不絕口喔!

材料(4人份):

雪裡紅鹹菜	50克(切碎)
胡蘿蔔	1個(切塊)
馬鈴薯	1個(切塊)
西葫蘆	1/2個(切塊)
青豆仁	150克
海鹽	1/4小匙
松仁	50克(小火炒香)
薄荷葉	4枝(葉片撕碎)

佐料:

橄欖油	3大匙
薑	2片(切末)
水	800毫升
海鹽	1/4小匙
現磨黑胡椒	適量

做法:

1. 鍋內熱油,依序放入薑末、鹹菜、胡蘿蔔和馬鈴薯翻炒約3分鐘至馬鈴薯微微變焦,倒入800毫升的水,以大火煮滾後,轉中小火煮約15分鐘。

2. 加入西葫蘆煮3分鐘,再放入青豆仁煮3分鐘,撒上鹽,關火。

3. 從鍋內取出1/3的食材,剩餘的部分用攪拌機拌成濃湯後,將取出的食材倒回湯內。

3. 取1/4的湯裝入容器內,撒上炒香的松仁、黑胡椒,最後以撕碎的薄荷葉裝飾。

青蔬濃湯佐檸檬鷹嘴豆

清明一過,去鄉野踏青時,就被滿田地的綠色感動,凡是綠色的蔬菜,沒有哪樣是我不愛吃的。薑和綠色蔬菜,就應該是春天餐桌上的常客。羽衣甘藍的鈣質和鐵質都非常優秀,如果購買不到,也可以改用萵筍葉。

材料(4 人份):

馬鈴薯	1個(切片)
綠花椰菜	半顆(切小塊)
蘆筍	100克(去皮、切小段)
羽衣甘藍	50克(切小段)
煮熟的鷹嘴豆	100克

佐料:

特級初榨橄欖油	3大匙
薑末	5克
蔬菜高湯	600毫升
海鹽	適量
黑胡椒	適量
檸檬汁	1小匙
芝麻醬	1大匙

做法:

1. 熱鍋後倒入橄欖油,放入薑末,以中火煸炒半分鐘,再放入馬鈴薯片,翻炒至微微變焦約 3 分鐘,倒入蔬菜高湯,水滾後以小火煮約 20 分鐘。
2. 放入花椰菜翻滾約 5 分鐘後,加入蘆筍、羽衣甘藍煮 2 分鐘,關火,加海鹽和黑胡椒,然後用手持攪拌機把湯打勻。
3. 混合鷹嘴豆、檸檬汁和芝麻醬。將濃湯分裝到盤子,上面擺上調味好的鷹嘴豆。

soup in solar terms

胡蘿蔔地瓜湯

深秋的胡蘿蔔和地瓜都極為甘甜，質地也比盛夏時更為綿密，所以在這個時候我常做這款湯，每次喝完都感受到陽光般的舒服。西式濃湯想要吃得不無聊，一定要嘗試放些佐料，在口感或飽腹感上，都大大提升呢！偷懶的時候，一碗好湯再搭配一片黑麥麵包，就是愉悅的一餐！

材料（4人份）：

胡蘿蔔	2個（去皮切片）
地瓜	1個（去皮切片）
百里香	4枝
茄子	1個（切小塊）
羽衣甘藍	6根（取葉去莖）
蔬菜高湯	800毫升

佐料：

馬薩拉粉	1/2小匙
薑黃粉	1/2小匙
茴香粉	1/4小匙
薑	2片（切末）
特級初榨橄欖油	6大匙
海鹽	適量
現磨黑胡椒	適量

做法：

1. 鍋內倒入 3 大匙橄欖油，以小火加熱後放入薑末、馬薩拉粉，聞到香味時放入胡蘿蔔和番薯，轉中火，翻炒 3 分鐘，加入蔬菜高湯和百里香，煮約 15 分鐘，直到胡蘿蔔和地瓜軟爛，撒入海鹽和黑胡椒，關火。將百里香枝條以攪拌機拌勻。

2. 煮湯時，將 2 大匙橄欖油和海鹽、黑胡椒加入茄子中攪拌均勻，放入預熱至 230℃ 烤箱中，烤 7 分鐘至茄子變軟微焦。

3. 以中火熱 1 大匙油，放入薑黃粉、茴香粉，炒出香味後放入羽衣甘藍，快速翻炒半分鐘。羽衣甘藍出水變軟後即可離火，放入海鹽和烤過的茄子，翻炒均勻。取 1/4 的湯倒入器皿中，中間放上羽衣甘藍和茄子。

Point!

馬薩拉粉如果買不到,可用
其他的咖哩粉替代;羽衣甘
藍可用當季略帶苦味的綠葉
菜代替,或撒上一些香菜,
都是很速配的組合。

泰式椰漿雜菜湯

泰式酸辣湯是我最喜歡的湯之一，酸爽的風味，無論何時都是打開胃口的好選擇。這款素食版的酸辣湯，選擇用鷹嘴豆來做高湯，味道中帶著鮮甜，用來做清湯類的湯品非常合適。

材料（2～4人份）：

鷹嘴豆	100克
紅棗	3個
乾香菇	1個
豆腐	1/2塊（切成1公分方塊）
櫻桃番茄	8個（對半切）
綠花椰菜	1/3個（切成小朵）
香菜	1把（洗淨切碎）
青檸	1個（縱向切成青檸角）

佐料：

芥花油	1大匙
香茅根	6個（切碎）
薑	5公分（去皮切碎）
水	1300毫升
椰漿	適量

A

檸檬葉	5片
羅望子醬	100毫升
小米椒	2～4個
黃糖	80克
醬油	2大匙
青檸	2個（取汁）

做法：

1. 乾香菇洗淨後用 1300 毫升的水泡發，加入鷹嘴豆、紅棗，以小火燉煮 8 小時以上，濾出高湯。

2. 鍋內熱油，放香茅根、薑爆香，加入高湯和佐料 A，水滾後轉中火。

3. 加入豆腐、番茄和綠花椰菜，煮約 5 分鐘後關火，試一下味道，可以隨喜好做調整。裝盤，撒上香菜，放上青檸，根據個人口味倒入適量椰漿。

酪梨青瓜冷湯

食材在烹飪過程中，會流失一些維生素、礦物質和活性酶。我並不贊同完全生食的飲食觀，所以只在蔬果最成熟的夏季，我才會偶爾做一些生食的料理，並且在中午時享用。這道湯品雖是冷湯，但加了芥末和薑，仍具有發散的功效。

材料（4人份）：

酪梨	2個（切丁）
黃瓜	4根（切丁）
辣椒	1/2個（去籽、切丁）
香菜	100克（切碎，部分作裝飾）
水蘿蔔	1個（切薄片）
番茄	1/2個（去皮切丁）
薄荷葉	8片

佐料：

A

薑末	5克
芥末膏	1小匙
青檸檬汁	2大匙
黃檸檬汁	2大匙
礦泉水	1/2量杯
海鹽	1小匙

做法：

1. 把酪梨丁、黃瓜丁、辣椒丁、香菜和Ａ佐料放進料理機中攪拌均勻，試一下味道，如有必要，調整鹹淡。
2. 把湯分入杯中，以水蘿蔔片、番茄丁和薄荷葉裝飾。

椰香南瓜湯

椰漿和腰果為純素的南瓜湯注入溫潤的滿足感,同樣的做法也適合番薯、蓮藕、馬鈴薯等其他根莖類蔬菜。

材料(4人份):

芽苗	適量
椰漿	適量

A

去皮南瓜	700克(切片,蒸熟)
煮熟的糙米	1/2量杯

佐料:

特級初榨橄欖油	2大匙
新鮮百里香	1枝
薑末	1大匙

A

椰漿	400毫升
熱水	700毫升
海鹽	1小匙
黑胡椒	1小匙

做法:

1. 把南瓜、糙米和佐料 A 倒入料理機中,攪拌成濃湯後將水量調成最適合的濃稠度。
2. 以小火加熱橄欖油,低溫炒香薑末、百里香後,把香料油放入南瓜湯。
3. 湯品最後以芽苗和椰漿裝飾。

白蘿蔔杏仁藜麥湯

這款運用東方食材的濃湯,除了口感甘潤之外,還有很好的潤肺強腎的功效。霜降後的蘿蔔更顯得甘甜,水分充沛,搭配藜麥的口感令人回味。

材料(4人份):

白蘿蔔	1個(去皮切片)
杏鮑菇	1個(切片)
杏仁	20顆(隔夜浸泡,去皮)
芽苗	適量
煮熟的藜麥	1/2量杯

佐料:

薑末	10克
香菜籽粉	1小匙
海鹽	1小匙
白胡椒	適量
水	800毫升
特級初榨橄欖油	2大匙

做法:

1. 鍋內倒入橄欖油,以小火加熱,加入薑末、香菜籽粉以小火爆香。

2. 將白蘿蔔、杏鮑菇、杏仁翻炒2分鐘後加水,蓋上鍋蓋。煮開後轉小火,煮約30分鐘。

3. 當食材軟爛後,加入海鹽、白胡椒,倒入攪拌機內攪拌成濃湯,混入藜麥,以芽苗裝飾。

Superfood

藜麥

自從知道藜麥的好處之後，我瘋狂地愛上這種好吃又好做的食材，無論是飯、粥、湯、沙拉或是義大利麵，我都會加些煮熟的藜麥，或加入糕點中做成馬芬，增加 QQ 的口感。

藜麥之所以被譽為超級食物，是因為富含優質的蛋白質、多種氨基酸、不飽和脂肪酸以及維生素 B 等有益物質，零膽固醇、低脂低糖，因其易於吸收，兒童和老人都可以消化。

奇亞籽

奇亞籽是鼠尾草的種子，是自然界唯一一個 ω-3 超過 ω-6 的食物，對於保護心腦血管有很大幫助。同時，每 100 克奇亞籽的鈣含量高達 631 毫克，是牛奶的 5 倍；鐵含量是所有種子中最高的，是牛肝的 2.4 倍；蛋白質含量是牛奶的 5～7 倍。奇亞籽浸泡在水中會產生一層可溶性膳食纖維膠質，有助於結腸癌的預防。

fine appetizer

part 3

精緻前菜

在餐廳，我們會根據季節推出不同的開胃菜和配菜，客人常常對這些餐點都讚歎不已。其實，有些食譜是非常容易在家製作的，讓你準備家宴時多一份精緻感。無論是正式的套餐，或是隨意的自助吧，都能讓你的賓客或親朋打開味蕾。

烤彩椒吐司塔

去了皮的彩椒經過橄欖油的浸潤，產生一種令人滿足的甘甜回味！

材料（2人份）：

A

紅椒	1個
黃椒	1個
吐司麵包	2片

佐料：

海鹽	1/4小匙
橄欖油	適量
青醬	適量

做法：

1. 將彩椒放入已預熱至210℃烤箱中，烤約10分鐘後翻面再烤10分鐘，直到兩面都焦黑。
2. 把烤好的彩椒放入器皿內，蓋上保鮮膜，等待自然冷卻後去皮。
3. 將去皮的彩椒縱向切成2公分寬度的長條，撒上海鹽，浸在橄欖油中。
4. 吐司麵包去邊後切成2公分大小的方塊，放入烤箱烤3分鐘。
5. 在烤好的麵包上塗抹適量的青醬，捲起一個去皮彩椒，用牙籤和麵包固定在一起。

fine appetizer

酪梨塔

這款前菜好吃的祕訣還是適時。夏日裡從枝頭摘下的成熟番茄，搭配剛好成熟的酪梨及玉米片或蘇打餅乾一起吃，就成了一道難以拒絕的前菜。

材料（2 人份）：

番茄	1個（去瓤切丁）
酪梨	2個
酸黃瓜丁	50克
微型芽苗	適量

佐料：

A

青檸檬	1/2個（取汁）
特級初榨橄欖油	1大匙
海鹽	1/8小匙
現磨黑胡椒	適量
香菜	2枝（切末）

做法：

1. 取出一個酪梨去皮切丁，一個壓成泥，與番茄丁、酸黃瓜丁混合均勻。

2. 將 A 佐料拌勻後，倒入做法 1 的材料，輕輕攪拌均勻後，用直徑約 6.5 公分的圓形模具定型裝盤。

3. 最後以微型芽苗裝飾。

fine appetizer

鷹嘴豆泥迷你蔬菜

中東鷹嘴豆泥的基礎材料是鷹嘴豆、芝麻醬和特級初榨橄欖油。它和各類蔬菜都很速配，最偷懶的做法就是把蔬菜切成條形，沾醬直接食用。如果選用迷你蔬菜或芽苗裝盤，也可做出餐廳效果的精緻菜餚！

材料（1人份）：

鷹嘴豆	100克（煮熟）

A

迷你紅菜頭	1個（切片）
迷你胡蘿蔔	2個（去皮）
黃瓜	1個（刨長片捲起）
茴香葉	1小撮
櫻桃番茄	3個（對半切）
水蘿蔔	2個（對半切）
抱子甘藍	2個 （對半切，鹽水汆燙3分鐘）

佐料：

A

特級初榨橄欖油	45毫升
檸檬汁	180毫升
中東芝麻醬（Tahini）	23克
海鹽	2克
孜然粉	1小匙
煮鷹嘴豆的水	適量

做法：

1. 把鷹嘴豆和佐料 A 放入料理機打成鷹嘴豆泥。可適當調整橄欖油量，或加入適量煮鷹嘴豆的水。
2. 將 3 大匙鷹嘴豆泥放在盤底，把材料 A 中的蔬菜擺在上面，淋上少許橄欖油。

fine appetizer

味噌醬烤豆腐

加了醬油的味噌經過燒烤後，會釋放出獨特的焦糖味，搭配綿密的板豆腐，味道絕佳。冬天的時候，我們會大量地做這道菜作為員工餐。即便做得再多，想再夾一塊時，盤子總是空空的。

材料（2人份）：

板豆腐	1塊
（切成長寬5公分×高1.5公分）	

佐料：

A

味噌	2大匙
濃口醬油	1小匙
楓糖漿	1大匙
熱水	1大匙

做法：

1. 烤箱加熱到 210℃。

2. 把佐料 A 調成均勻的糊狀，備用。

3. 將佐料塗抹在板豆腐上，放入烤箱烤 6～8 分鐘，直到表面味噌散發出焦糖味即可。

fine appetizer

杏鮑菇小茄串

熟透的櫻桃番茄經過炙烤後有一種令人驚訝的甜潤感，裹上薄薄一層
杏鮑菇，搭配青醬，就是宴會上很受歡迎的小食。

材料（1 人份）：

杏鮑菇	1個（刨成薄片）
櫻桃番茄	12個

佐料：

特級初榨橄欖油	適量
海鹽	適量
黑胡椒	適量
青醬	適量

做法：

1. 將櫻桃番茄放在杏鮑菇內捲起，用牙籤插入固定，重複上述動作，串成 4 串。

2. 在番茄串上刷上橄欖油，放入已預熱 210℃烤箱，烤約 6 分鐘，然後撒上適量海鹽和黑胡椒。

3. 盤子內擺放上杏鮑菇小茄串，淋上適量青醬，冷熱皆宜。

蘆 筍 春 捲

我們喜歡蘆筍炸過之後脆脆的口感,所以只裹上薄薄一層春捲皮,
快速油炸,鎖住蘆筍的鮮甜。

材料(1 人份):

酸黃瓜	2片(切小粒)
杏鮑菇	2片(汆燙後切粒)
蘆筍	4根(去根,去老皮)
春捲皮	4張

佐料:

橄欖油	適量
A	
純素美乃滋	2大匙
芥末醬	1小匙

做法:

1. 將酸黃瓜、杏鮑菇和佐料 A 混合均勻,製成塔塔醬備用。

2. 根據春捲皮大小,把蘆筍切成適當的長度(比春捲皮直徑長約 1.5 公分),再用春捲皮裹住蘆筍(春捲皮只裹一層),切去多餘部分,以油溫 180℃油炸 1 分鐘。

3. 取出,用廚房紙吸去多餘油分,配上塔塔醬一同享用。

藜麥豆渣丸

豆渣丸是一種用鷹嘴豆做成的丸子，我喜歡加一些藜麥，讓它的口感
更濕潤和柔軟。沾醬可以根據情況隨意調整，但小朋友最喜歡的一定
是酸甜甜的番茄味！

材料（4 人份）：

藜麥	1量杯（煮熟瀝乾）

佐料：

水	適量
芥花油	適量（用於煎炸）
番茄醬	1/2量杯

A

豆渣	1/2量杯
香菜末	1量杯
鷹嘴豆粉	1/2量杯
葛根粉	2大匙
海鹽	1/4小匙
檸檬汁	1大匙
芥花油	2大匙
孜然	1大匙

做法：

1. 將佐料 A 以手持攪拌機拌勻後，混入藜麥中，如果太乾，可加水。用湯匙取適量的
   藜麥豆渣，搓成 2 公分的小球狀，放置備用。
2. 深鍋內熱油至 180℃，放入藜麥豆渣球，炸約 3 分鐘直到表面金黃，取出瀝乾。
3. 加熱番茄醬，裝入器皿，丸子置於其上。

fine appetizer

紫蘇酪梨炸豆腐

紫蘇是藥食同源的好食物,具有祛風驅寒的功效。它和山葵、酪梨搭配,會讓酪梨產生類似生魚片的口感,常常令初試素食的人驚訝,原來素食也有這樣的味道。

材料(2 人份):

山葵	1小段(磨泥)
紫蘇葉	7片(切碎)
酪梨	1個
櫻桃番茄	10個(對半切)
板豆腐	1塊
白蘿蔔	1/4個(磨泥)

佐料:

太白粉	適量
葡萄籽油	適量
現磨黑胡椒	適量

A

淡口醬油	1/2量杯
味醂	1/2量杯
水	1量杯

做法:

1. 混合醬油、味醂和水,加熱至沸騰後,轉小火繼續煮 3 分鐘,關火待涼。
2. 加入適量山葵泥(也可以用市售芥末膏代替山葵泥)、紫蘇葉和黑胡椒。
3. 酪梨對半切,以小刀縱向劃成寬 0.7 公分的豎條,用湯匙挖出果肉,備用。
4. 板豆腐用模具壓成圓形或切大塊,裹上太白粉,以油溫 180℃油炸至表面金黃。
5. 櫻桃番茄放入已預熱至 210℃的烤箱中,烤 5 分鐘。
6. 將油炸好的豆腐鋪上半片酪梨、櫻桃番茄和白蘿蔔泥。倒入適量做法 1 調好的醬汁,趁熱享用。

fine appetizer

盤子裡的義大利

在羅勒與番茄都繁盛的季節一定要嘗試這道菜,再厲害的調味也比不過天地之氣,因此要以最簡單的調味來讚美夏日!

材料(2人份):

番茄	1個(切成0.6公分)
日式板豆腐	1塊(切成6公分)
新鮮羅勒葉	2片

佐料:

青醬	適量
特級初榨橄欖油	適量
海鹽	適量
黑胡椒	適量

做法

1. 將食材依序擺放在盤子上,先1片番茄、1小匙青醬。

2. 再1片板豆腐,最後2片羅勒葉。

3. 均勻撒上海鹽、黑胡椒,淋上特級初榨橄欖油。

fine appetizer

墨西哥雜豆捲餅

全世界的吃貨思維大約都是相同的，墨西哥人發明捲餅，中國人發明春捲，雖然食材不同，但精神相通，方便攜帶又食用。在踏青的時候準備一些捲餅也不錯喔！

材料：

餅皮	2～3張
斑豆	20克（隔夜泡水）
黑豆、花豆	各20克（隔夜泡水）
虎皮尖椒	1個（切丁）
烤麩	100克（切丁沖水）
紅椒、黃椒	各半個（切丁）
西葫蘆	半個（去瓤切丁）
芝麻菜	1把
碎香菜	1小把

佐料：

特級初榨橄欖油	4大匙
醬油	2大匙
紅糖	1大匙
辣椒醬	適量
海鹽	適量

做法：

1. 豆子泡水後洗淨，鍋內熱 3 大匙油，加入尖椒和烤麩翻炒，再放入豆子攪拌均勻。之後倒入足夠的水（以沒過食材為準）、醬油和紅糖，水滾後轉小火燉煮 1 小時，期間需攪拌 3 ～ 4 次，然後轉大火收乾湯汁，試味調整，最後加入適量辣椒仔。

2. 另起一鍋，加入 1 大匙橄欖油，快炒彩椒和西葫蘆，放入少許海鹽調味。

3. 加熱餅皮，在餅中依序鋪入豆子、碎香菜和芝麻菜，捲起享用。

酪梨凱撒捲餅

材料：

酪梨	半個（切片）
羅馬生菜	2片（切絲）
酸黃瓜	1/4根（切絲）
松仁	1小把（烤香）
番茄	1/4個（切片）

佐料：

純素美乃滋	適量

做法：

加熱餅皮，將所有食材捲入餅中即可享用。

排毒地瓜捲餅

這款捲餅具有非常好的排毒效果，可以每週食用一次。

材料：

餅皮	3張
地瓜	1個（蒸熟）
黃瓜	1根（縱向切6條）
黃豆芽	60克（汆水斷生）
葡萄乾	55克
南瓜籽	50克（烤香）
苜蓿芽	50克

佐料：

A

味噌	1小匙
芝麻醬	1大匙
楓糖漿	1小匙
熱水	適量

做法：

1. 將佐料 A 調成均勻的糊狀。
2. 在餅皮上依序鋪上地瓜泥、黃瓜條、黃豆芽，最後撒上葡萄乾、南瓜籽以及苜蓿芽，捲起享用。

Point!

捲餅製作很簡單，按照全麥麵粉和高筋麵粉以 1：1 的比例混合，加水揉成麵團，發酵 1 小時後擀成 8 吋大小的薄餅，在平底鍋內用小火兩面煎透。

Superfood

酪梨

酪梨是最近很熱門的水果。一顆中型大小的酪梨,熱量高達 731 卡路里,脂肪含量超過 30 克,但這些完全阻礙不了女生們對它瘋狂的喜愛,我們全家也都是酪梨的忠實粉絲。因為比起它的高熱量,它所含的不飽和脂肪酸不僅可降低膽固醇,還可以分解脂肪,預防高血壓和動脈硬化,更令我無法抗拒。

說酪梨嬌貴,也有一定道理,要在恰到好處的時機吃它,才能領略到其迷人的風味。可以把它放在大米中,或與香蕉、蘋果一起存放,有助於酪梨成熟。

酪梨搭配醬油和辣根就是植物版的生魚片。當在夏季製作壽司飯時,一定會搭配酪梨一起享用。酪梨也可以添加到任何一款沙拉中,來補充營養和豐富口感。也有些人覺得酪梨難以下嚥,那就做成沙拉醬、義大利麵醬汁、果昔或甜品中吧!

plentiful main course

part 4

花樣主食

想要精力充沛，就要好好吃五穀。五穀是陰陽平衡的種子，具有無窮的生命力。與此同時，身體用來消化主食所消耗的氣血卻是最小的，因此吃主食是提升氣血最便捷又經濟的方法。吃主食特別要注意的一點是，一定要吃全穀。全穀具有豐富的營養價值，相對於精米精麵，更利於消化吸收和氣血轉化。

鐵核桃油拌飯

正因為簡單到只有 2 種食材：鹽和油，因而更考驗鹽和油的表現。
通常只想吃飯的時候，我會用雲南的老樹鐵核桃油做這一道料理。百
年老樹的核桃精華浸潤著樸素的米飯，讓米飯吃起來多了一種高貴，
常常吃著就覺得真幸福！

材料（1～2人份）：

煮熟的糙米飯	150克
海鹽	1/8 小匙
鐵核桃油	1大匙

做法：

將食材攪拌均勻，可以單獨食用，或
配合醬菜食用。

葡式咖哩茄子飯

茄子咖哩能夠創造出一種其他蔬菜咖哩所沒有的滿足感，無論搭配米飯還是烏龍麵，都是店內非常好賣的人氣料理。

材料（4人份）：

粗茄子	1個（滾刀切）
杏鮑菇	1個（切成1公分圓片）
紅椒	1/2個（切塊）
黃椒	1/2個（切塊）
素乳酪	2大匙
全穀飯	480克

佐料：

葡萄籽油	適量（用於煎炸）
特級初榨橄欖油	2匙
薑末	5克
綜合咖哩粉	2大匙
番茄膏	1小匙
麵粉	2大匙
椰漿	1.5量杯
海鹽	適量
現磨黑胡椒	適量

做法：

1. 鍋內倒入超過3公分深度的葡萄籽油，加熱到180℃，依序加入茄子、杏鮑菇、彩椒油炸，完成後撈起，用廚房紙吸除多餘的油，撒上少許海鹽備用。

2. 以中火加熱橄欖油，放入薑末、咖哩粉爆香後，倒入番茄膏和麵粉翻炒一下，加入椰漿。邊煮邊以打蛋器不斷地攪拌，直到咖哩醬變濃稠，立刻關火。再加入素乳酪拌勻。

3. 在烤皿內盛入全穀飯，澆上一層咖哩醬，放上茄子、杏鮑菇和彩椒，再澆上一層咖哩醬。將烤皿放入已預熱至180℃烤箱，烤約12分鐘至表面微微焦黃。

plentiful main course

西班牙彩蔬菇菇飯

熱鬧非凡的西班牙海鮮飯，用菌菇做出海鮮柔嫩鮮美的口感。如果沒有鐵鍋，用砂鍋也可以同樣製作出脆脆米飯的口感！

雖說製作西班牙海鮮飯，藏紅花和甜椒粉是必不可少的調料，但沒有這兩樣香料時，可放些隨手可得的花椒、胡椒，美味也不打折喔！

材料（4人份）：

玉米	2個
秀珍菇	100克
波多黎各菌	2個（切片）
杏鮑菇	1個（切圓片）
紅椒粉	1小匙（切丁）
紅椒	1/2個（切丁）
黃椒	1/2個（切丁）
青椒	1/2個（切丁）
番茄	2個（切丁）
花椰菜	1/2（切小塊）
糙米	200克（浸泡8小時，洗淨）

檸檬	1個（切成檸檬角）
韓式薄鹽海苔	2大張（撕碎）
百里香	2枝

佐料：

特級初榨橄欖油	6大匙
白葡萄酒	2大匙
藏紅花	1小匙（放入水中泡15分鐘）
薑末	5克
蔬菜高湯	1000毫升
海鹽	適量
現磨黑胡椒	適量

做法：

1. 玉米烤到表皮微微焦黑後放涼，使用刀把玉米粒削下來。

2. 以中火加熱 3 大匙橄欖油，放入所有菌菇、海鹽、黑胡椒、白葡萄酒，炒 5 分鐘至菌菇完全變軟、水分蒸發，放置一旁備用。

3. 再倒入 3 大匙油，放入薑末、紅椒粉、彩椒翻炒約 3 分鐘後，加入玉米粒、花椰菜、番茄、糙米翻炒均勻，煮 5 分鐘。

4. 加入一半的蔬菜高湯，水滾後轉中火，水份被吸乾後，繼續分 3 ～ 4 次加入蔬菜高湯，直到米飯吸足水份變軟，底部微微變焦，但注意不要燒糊，偶爾用木鏟翻炒米飯。整個過程約 25 ～ 30 分鐘。

5. 將炒好的菌菇加入煮好的米飯中，連同鐵鍋放進 210℃烤箱內烤約 5 分鐘，取出，撒上海苔、檸檬角和百里香，裝盤。

plentiful main course

暖體排毒飯

地瓜和綠豆都是很好的排毒食物，搭配全穀米飯和暖體香料，可以促進新陳代謝，排出毒素。

材料（4人份）：

糙米	250克
綠豆	50克
地瓜	1個（切丁）
南瓜籽	適量（烤香）
香菜	100克（切碎）
葡萄乾	100克

佐料：

橄欖油	3大匙
薑末	10克
薑黃粉	1小匙
豆蔻粉、肉桂粉、辣椒粉	各1/4小匙
香菜籽粉、孜然粉、黑胡椒粉	各1/2匙
蔬菜高湯	300毫升
海鹽	1小匙

做法：

1. 糙米和綠豆事先需浸泡8小時。
2. 以中火加熱橄欖油，放入薑末和所有香料炒香。
3. 放入已泡好的糙米、綠豆以及地瓜，與香料一起翻炒均勻，加入少量水，煮10分鐘。然後加入葡萄乾，攪拌均勻後，把所有材料放入電子鍋，倒入剩餘的水，按下煮飯程式鍵。
4. 煮好後，加入香菜攪拌均勻，裝盤，撒上南瓜籽。

紅油菜苔燉飯

利用當季盛產的食材做燉飯，是我特別喜歡的一種料理方式。春天的時候，一定要嘗試做菜苔，菜苔特殊的微苦和清甜，讓這款燉飯有種鄉村的迷人風味。

材料（2人份）：

綠色油菜苔	50克
	（切段，留花朵備用）
生米	120克
素乳酪	2大匙
紫色油菜苔	50克（鹽水燙熟）

佐料：

特級初榨橄欖油	3大匙
薑末	8克
味醂	2大匙
海鹽	適量
高湯 1000毫升（煮沸後轉小火保溫）	
白胡椒	適量
鐵核桃油	適量

做法：

1. 加熱橄欖油，放入薑末翻炒一下後，加入蔬菜和味醂、海鹽炒約2分鐘。
2. 接著放入生米，以小火乾炒米粒，待米粒由透明轉白時加點橄欖油，以中火煮1分鐘。
3. 加入1量杯預熱的蔬菜高湯，和米粒攪拌均勻，煮開後，轉小火。當湯汁收乾時，再加入3大匙高湯攪拌，燉煮。
4. 重複上述步驟3次，在第4次加水的時候，加入油菜，攪拌均勻，煮2～3分鐘。關火，拌入素乳酪。
5. 裝盤，以紫色油菜花裝飾，撒上少量白胡椒粉，淋上鐵核桃油。

野菌燉飯

燉飯是義大利餐廳在東方最受歡迎的主食之一。理想的燉飯應該充滿
彈性而不夾生,而炒生米是創造出彈牙口感的祕訣。傳統做法是運用
大量黃油和乳酪,熱量非常高,但這個配方是運用素乳酪,以及充滿
蛋白質的鷹嘴豆創造滿足的奶油口感。蘑菇性陰,食用時一定要加薑
末和酒來調和。

材料(2人份):

灰樹花	1盒(掰成小塊)
義大利生米	120克
荷蘭芹	2枝(切末)
素乳酪	2大匙
羽衣甘藍菜	60克

佐料:

特級初榨橄欖油	3大匙
薑末	8克
白葡萄酒	1/4量杯
海鹽	適量
黑胡椒	適量
高湯	適量

做法:

1. 熱鍋熱油,放入薑末翻炒一下後,加入灰樹花翻炒 1 分鐘,再加入白葡萄酒,轉中
   火收汁,加海鹽和黑胡椒調味,備用。

2. 放入生米,以小火乾炒米粒,待米粒由透明變成白色時,加入橄欖油,以中火煮 1
   分鐘。

3. 加入做法 A 炒過的灰樹花和湯汁,和米粒攪拌均勻,水滾後,轉小火繼續煮 5 分
   鐘。當湯汁收乾時,加入 3 大匙熱的高湯攪拌,以最小火燉煮。

4. 重複上述步驟 5 ～ 8 次,直到米飯的軟硬程度達到要求。時間約 30 ～ 40 分鐘。

5. 拌入素乳酪、海鹽和羽衣甘藍菜,裝盤。

酪梨紅菜頭蓋飯

這是很久以前一位日本瑜珈老師煮過的料理。她的店小小的，只有一位阿姨幫忙，城裡吃素的人都很喜歡。但由於太過小眾，小店已經不在，可是老師煮那碗飯的精神，卻不會因小店的消亡而消逝。

材料（1人份）：	
煮熟的糙米飯	150克
酪梨	1/2個（切片）
紅菜頭	100克（蒸熟，切片）
板豆腐	60克（切片，兩面煎）
南瓜籽	適量（烤香）
韓國薄鹽海苔	2張
水蘿蔔	1個（切片）

佐料：	
大藏芥末	1小匙
有機醬油	1小匙

做法

1. 將米飯盛於碗內，醬油由內向外劃圈倒入。
2. 在米飯上面依次鋪上酪梨、紅菜頭、板豆腐和韓國海苔，一側放入大藏芥末，撒上南瓜籽，以水蘿蔔片裝飾。
3. 攪拌均勻，即可享用。

銀杏栗子煲仔飯

深秋的時候，糖炒栗子是必不可少的零食。吃不完的時候，將果肉剝出，健脾補虛的栗子做在米飯裡，變成一鍋具有豐收意味的炊飯，栗子吃起來也更加甜糯！

材料（4 人份）：

油麵筋	5個（切小塊）
糙米	180克
荷蘭豆	21個

A

香菇	7朵（切丁）
銀杏	14粒（烤熟去殼）
胡蘿蔔	1/2個（切成櫻花狀）
栗子	14個（對半切）

佐料：

薑末	5克
特級初榨橄欖油	2大匙
味醂	2大匙
醬油	2大匙
蔬菜高湯或礦泉水	300毫升
鐵核桃油	適量

做法：

1. 以中火加熱橄欖油，放入薑炒香，加入材料 A 蔬菜翻炒 3 分鐘，再放入味醂和醬油，蓋上鍋蓋，煮約 1 分鐘。

2. 放入已浸泡 8 小時的糙米和水，翻炒均勻，倒進電子鍋內，加入剩餘水，根據實際情況調整水量煮飯。

3. 飯煮好後，以保溫程式繼續燜 30 分鐘即可享用。荷蘭豆用鹽水汆燙後拌入飯中。裝盤，淋上少許鐵核桃油。

青醬天使麵

整個春夏，我都會推薦這款充滿綠色蔬菜的青醬麵給我的客人。將花椰菜和青醬一起打成更濃稠的醬料，淡化羅勒的氣味，騙過很多小朋友吃下不愛的花椰菜。

材料（2人份）：

花椰菜	1/4個（切小朵）
天使細麵	180克（用鹽水煮熟備用）
油浸番茄乾	1個（切細絲）
松仁	1把（微火烤香）

佐料：

青醬	4～6大匙
特級初榨橄欖油	適量
海鹽	適量

做法

1. 將花椰菜以鹽水燙2分鐘後，與青醬一起打成粗粒做醬汁。
2. 義大利麵煮熟後撈出，立刻與醬汁攪拌均勻，加入番茄乾和松仁。

plentiful main course

番茄腰果醬斜管麵

番茄乾醬比番茄醬的風味更為濃郁，醬料也相對濃稠，適合搭配少量青醬或香草。因為醬料本身富含堅果和香料油，吃起來就不會寡淡。

材料（2人份）：

A

油浸番茄乾	4個
腰果	1/4量杯
斜管麵	160克
有機芽苗	1小把

佐料：

素乳酪	1大匙
青醬	1大匙

A

紅醬	1/2兩杯
特級初榨橄欖油	2大匙
海鹽	1/4小匙

做法：

1. 使用攪拌機把番茄乾、腰果和佐料 A 攪拌成番茄乾醬。
2. 斜管麵煮熟後，取適量醬料混合均勻，裝盤，佐以少量青醬和素乳酪，以芽苗裝飾。

plentiful main course

南瓜奶油麵

這款料理是運用南瓜和素乳酪製成的，口感非常濃郁，羽衣甘藍增加纖維和鈣質。春天時，還可加入豌豆、蘆筍或萵筍葉。總之，濃郁的南瓜奶油醬和微苦的蔬菜都很搭喔！

材料（2人份）：

南瓜	150克（蒸熟）
羽衣甘藍	100克
苜蓿芽	適量
杏仁片	適量
義大利麵	180克

佐料：

素乳酪	4大匙
特級初榨橄欖油	2大匙
海鹽	1/4小匙
檸檬	1/2個（磨皮，取汁）
歐芹	2枝（切碎）

做法：

1. 使用湯匙將一半的南瓜和素乳酪調成南瓜奶油醬。
2. 加熱橄欖油，以中火炒熟羽衣甘藍後，加入義大利麵和剩下的南瓜、海鹽，翻炒一下後熄火，加入南瓜奶油醬。
3. 在麵條中調入檸檬汁、檸檬皮和碎歐芹葉，撒上杏仁片，以苜蓿芽裝飾。

plentiful main course

芝麻菜菌菇蝴蝶麵

辛辣口感的芝麻菜和厚重的菌菇醬是完美的搭配。雖然菌菇陰性，不宜多吃，但加了大量的生薑和黑胡椒，菌菇醬的寒涼可以平衡。

材料（2人份）：

香菇	20朵（切片）
蘑菇	20朵（切片）
杏鮑菇	1個（切片）
蝴蝶麵	180克
芝麻菜	1把

佐料：

素乳酪	2大匙
松露油	適量

A

迷迭香	1枝
薑段	3公分（切碎）
海鹽	1/2小匙
特級初榨橄欖油	5大匙
現磨黑胡椒	適量大匙

做法：

1. 將所有菇類和佐料 A 混合均勻，平鋪在烤盤內，以 210℃烤約 18 分鐘。然後將烤完的食材和湯液一起放入攪拌機，以間斷的方式攪拌成粗粒狀的菌菇醬。

2. 在 4～5 大匙菌菇醬中加入 1 大匙白醬，攪拌均勻後，與煮好的義大利麵拌勻，撒上現磨黑胡椒，最後拌入芝麻菜，滴上少許松露油。

焗紅醬馬鈴薯丸

心情沮喪時，沒有比這樣一款暖胃暖心的食物更讓人提起精神了。

選用的蔬菜也可以隨機應變，加入抱子甘藍是因我們喜歡在冬天吃這一款食物，冬天的甘藍類蔬菜，都特別甘甜。如果在夏天，茄子、櫛瓜等也都是很好的配菜。

在料理的過程中，更可以邀請孩子們參與搓丸子，成為他們美好回憶的一部分。

材料：

馬鈴薯丸	150克
抱子甘藍	3個（撕成片狀）

佐料：

紅醬	1量杯
素乳酪	2大匙

做法：

鍋內熱油，炒軟抱子甘藍後，放入紅醬和煮熟的馬鈴薯丸，攪拌均勻，放入烤皿內；用湯匙將素乳酪分布在馬鈴薯丸表面，放入預熱至 210℃烤箱中，烤約 12 分鐘。

義大利馬鈴薯丸

材料：

馬鈴薯1個（400克，蒸熟置涼）、麵粉100克、水3000毫升、海鹽1大匙

做法：

1. 馬鈴薯蒸熟後，碾成馬鈴薯泥，與麵粉混成均勻的麵團。
2. 取適量麵團在手中，揉搓成直徑約 1 公分的條狀，再切成 0.8 公分長的小丸子。
3. 把小丸子放在手掌中指根部，接著用叉子輕輕壓著丸子朝指尖滾動。
4. 水煮沸後，放入海鹽、馬鈴薯丸，輕輕用木匙攪拌，以免粘連；等待馬鈴薯丸浮出水面後，以小火煮 1 分鐘，即可撈起備用。

奶油通心粉

對孩子們而言，有個洞的麵和沒有洞的麵是完全不同的兩種食物。無論我怎麼解釋它們是一樣的原料製成，孩子們還是拒絕細長形的麵條。因此，我在餐廳特地做了一款純素奶油通心粉給孩子們，迴響果然不同。

材料（1人份）：

通心粉	50克
豌豆	2大匙
玉米粒	1大匙

佐料：

素乳酪	1大匙

做法：

1. 按照義大利麵的煮法，煮熟通心粉。
2. 新鮮豌豆和玉米粒用鹽水汆燙 2 分鐘後撈出，與通心粉和素乳酪拌勻，加熱收乾湯汁即可。

plentiful main course

波多黎各菌漢堡

不懂的人常誤以為波多黎各菌是個大香菇，但其味道和香菇千差萬別。無論是切片還是整個烤來吃，都非常美味。若是用烤的話，建議用味噌醃一下，味道非常特別！

材料：

波多黎各菌	1個
鳳梨	1片
番茄	1片
黃瓜	2片
苜蓿芽	少許
漢堡麵包	1個

佐料：

味噌	1小匙
醬油	1小匙
義大利葡萄醋	1大匙
純素美乃滋	適量

做法：

1. 混合味噌、醬油和葡萄醋，塗抹在波多黎各菌正反面，醃漬至少 1 小時。擦去多餘醬料後，和鳳梨片一起放入 180℃烤箱中，烤約 15 ～ 18 分鐘。
2. 在漢堡麵包內夾入所有蔬菜和炙烤過的波多黎各菌和鳳梨片，配上純素美乃滋。

紅菜頭藜麥餅漢堡

這個漢堡是餐廳開業以來一直沒有做過調整的菜品，無論是口感還是營養，它都有著極好的平衡；也因為它打破了紅菜頭給人慣有的土味印象，使得更多人願意接受這個味道。

材料：

紅菜頭	500克（切片）
蘑菇	300克（切片）
番茄	1片
酸黃瓜	2片
苜蓿芽	少許
漢堡麵包	1個

佐料：

純素美乃滋	適量
煮熟的藜麥	1/2量杯

A

腰果	1量杯（烤熟）
有機醬油	1/2大匙
鹽	1/2匙
油	1/4量杯
葛根粉	1/4量杯

做法：

1. 將紅菜頭和蘑菇切片後，分別加少許的油和鹽，放入180℃烤箱內，蓋上錫紙烤約18分鐘。
2. 將烤熟的食材與佐料 A 以攪拌機打成顆粒狀的紅菜頭泥，最後拌入藜麥，捏成圓餅狀，放入鍋中兩面各煎約 3 分鐘，然後放入烤箱烤約 10 分鐘。
3. 在麵包內夾入紅菜頭藜麥餅和其他蔬菜配料，配上純素美乃滋即可。

plentiful main course

黑豆漢堡

這款漢堡富含能量，不僅有各種豆類，還有糙米，如果搭配烤好的
彩椒，口味會更豐富喔！

材料：

漢堡麵包	1個
煮熟的黑豆	2大杯
煮熟的糙米	1量杯
玉米	1根（剝出玉米粒，煮熟）
番茄	1片
黃瓜	2片
芝麻菜	適量
苜蓿芽	少許

佐料：

純素美乃滋	適量
A	
香菜	適量
麵粉	3大匙
青檸檬	1個（擠汁）
海鹽	1小匙
黑胡椒	1小匙
葛根粉	1/2量杯
特級初榨橄欖油	3大匙

做法：

1. 取出 1/4 量杯的玉米粒和 1/4 量杯的糙米備用。
2. 將剩下的玉米粒、糙米，以及黑豆和佐料 A 打成均勻的豆泥，再拌入取出的玉米粒和糙米。將其壓成直徑 8 公分、厚 0.8 公分的豆餅。
3. 倒入少量油，把豆餅放入鍋中，兩面各煎 3 分鐘，然後放入預熱至 180℃烤箱內，烤約 15 分鐘。
4. 在麵包中分別夾入豆餅、蔬菜和芽苗，最後加入純素美乃滋。

Superfood

紅菜頭

其獨特的顏色和氣味，大家總是拒它千里之外。比起它在營養師開出的菜單中，擔任對肝臟的解毒功能這一點，我喜歡它，更多是因為它吃起來的口感和微微爽甜的滋味。

我特別酷愛燉煮成菜餚，將紅菜頭、其他根莖蔬菜以及一些番茄泥、新鮮香草，放入厚重的鐵鍋內，慢火燉煮至軟爛入味，最後加上 1 小匙乳酪醬。若有外表硬邦邦的裸麥麵包搭配，簡直是冬日裡無法抗拒的美味。

如果只是純粹地要攝取它豐富的維生素 C、維生素 E、鉀和葉酸，與生薑、胡蘿蔔一起榨汁喝也不錯，護肝又亮眼。如果做成濃湯，嘗試最後加一把香菜，會得到意想不到的口感！

foreign cuisine

part 5

異國風情香料料理

香料對於食物的意義，除了味道的提升之外，
更在於它們是天然溫和的藥草，具有非常好
的治療效果。

foreign cuisine

菠菜豆腐咖哩

起源於 1899 年，一位印度廚師創造給國王吃。它在印度東北部，尤其是旁遮普省，是最受歡迎的食物。正宗的做法應該是用乳酪，但素食者可用優質的板豆腐來代替，味道不會受影響。

這個配方是一位印度朋友的媽媽傳授給我的，並不需要太多的香料，非常簡單卻口味地道。由於發散的力量非常棒，特別適合在感冒初期時享用，可以很快地減輕症狀。

材料（2 人份）：

菠菜	250克（取葉）
豌豆	1量杯（汆燙30秒，用水冰鎮）
花椰菜	1/4個（切成朵，汆燙1分鐘）
板豆腐	1塊
（切成小方塊，用廚房紙吸除水分）	

佐料：

香菜籽粉	1大匙
茴香粉	1小匙
薑黃粉	1小匙
薑末	1大匙
特級初榨橄欖油	2大匙
海鹽	適量

做法：

1. 在鍋內加熱 1 大匙橄欖油，以低溫炒香薑末和香料，放入菠菜，翻炒出水後關火，加入海鹽，用攪拌機打成咖哩菠菜醬汁備用。

2. 加熱 1 大匙橄欖油，放入板豆腐塊，兩面煎成金黃色，倒入花椰菜、豌豆粒以及菠菜醬，翻炒一下後，加入海鹽調味即可。

椰漿鷹嘴豆菠菜咖哩

鷹嘴豆咖哩是一道極具滿足感的主食，特別適合在秋冬使用。阿魏粉的味道雖然像洋蔥，但低溫炒香後，並不會引起胃部不適，反而對身體有益，所以在素食咖哩中常常代替蔥蒜來使用。

材料（2人份）：

鷹嘴豆	1量杯（隔夜泡水）
菠菜	500克

佐料：

薑末	1大匙
水	500毫升
特級初榨橄欖油	2大匙
椰漿	1量杯
海鹽	1小匙

A

阿魏粉	1小匙
印度混合香料	1小匙
薑黃粉	1/4小匙
辣椒粉	1/4小匙
紅椒粉	1小匙

做法：

1. 熱鍋熱油，以小火炒香薑末和佐料 A。加入浸泡過的鷹嘴豆翻炒一下後加水，水滾後轉小火，燉煮 1 小時至豆子變軟。如果水分已煮乾，豆子仍有些硬的感覺，可以適量加些熱水。

2. 當豆子煮至軟爛後，轉大火，放入菠菜快速翻炒，蓋上鍋蓋，以中火燜 5 分鐘，最後倒入椰漿，再次煮沸時關火，加鹽調味。

foreign cuisine

馬來酸辣咖哩

如果夏天悶熱潮濕，又不小心著涼，那麼一些酸辣的食物是最快清醒頭腦的飲食啦！

材料（2人份）：

櫻桃番茄	8個
黃櫛瓜	1/2個（切塊）
蘆筍	100克（切段）
杏鮑菇	1個（切塊）
青檸檬	1/4個
檸檬葉	1片（切細絲）

佐料：

花生油	3大匙
水	300毫升
椰漿	200毫升
咖哩醬	2大匙

A

泰式小辣椒	5個
海鹽	1/2小匙
青檸皮	1/2個（切碎）
香茅	2根（取根部，去掉最外的兩層）
南薑	1小段
豆豉	1大匙

做法：

1. 用料理機將佐料 A 打成泥。

2. 以小火加熱花生油，炒香咖哩醬後，加入蔬菜翻炒 30 秒，再加入水，煮滾後轉小火煮 5 分鐘，然後倒入椰漿。再次煮滾後關火，加鹽調味，撒上檸檬葉絲，擠入青檸汁。

foreign cuisine

泰式椰香冬卡湯

比起個性鮮明的冬蔭功，我更喜歡這款酸勁十足卻不那麼辛辣的冬卡湯，裡面的蔬菜可任意組合，我喜歡加油豆腐和捲心菜。配方裡雖然用到大量的新鮮香料，但如果無法取得，也可用乾燥的香料粉替代。酸辣湯裡的養生意義說起來也可以滔滔不絕，總之身體需收放自如，在長夏之季，請一定要喝一碗酸辣湯。

材料（4人份）：

蘑菇	100克（切片）
蕃茄	1個（切塊）
油豆腐	100克
捲心菜	1/4個
青檸檬	1個
香菜	1把（切碎）

佐料：

特級初榨橄欖油	2大匙
水	400毫升
良薑	5克段（切塊敲碎）
檸檬葉	7片（切絲）
香茅	2段（切片）
椰漿	400毫升
椰糖或紅糖	1小匙
海鹽	1/2小匙

做法：

1. 小火加熱橄欖油，放入薑、檸檬葉和香茅。慢火爆香後，加入蕃茄和蘑菇翻炒1分鐘，倒入水和油豆腐。水滾後轉小火煮約30分鐘。

2. 加入捲心菜，煮約3分鐘後，倒入椰漿、海鹽和椰糖，重新煮開後，立即關火，試味調整。

3. 擠入青檸汁，撒上香菜。

foreign cuisine

菲律賓花生醬燉時蔬

不是所有東南亞料理都又酸又辣又有「怪味」，當和媽媽、女兒一起去長灘島度假時，這兩位一致大愛菲律賓花生醬。油豆腐、茄子、秋葵或鷹嘴豆都和它很搭，喜歡香氣的，還可以加上檸檬葉喔！

材料（2人份）：

番茄	2個（切丁）
花椰菜	100克
車麩	6個
香菜末	10克
青檸檬	1/4個
檸檬葉	1片（切細絲）

佐料：

花生油	1大匙
綜合咖哩粉	1小匙
紅椒粉	1小匙
花生醬	2大匙
熱水	60毫升
糖	1/2小匙
海鹽	適量
椰漿	3大匙

做法：

1. 鍋內熱油，炒香咖哩粉、紅椒粉後，放入番茄翻炒至出水。花生醬用熱水調成糊狀，與番茄、糖、鹽一起用手持攪拌機攪拌成醬料備用。

2. 花椰菜用鹽水燙熟，車麩泡開，倒入醬汁內煮開後轉微火，燜5分鐘。關火，加入椰漿調勻。最後撒入香菜和檸檬葉絲，擠入青檸檬汁。

foreign cuisine

越南米粉沙拉

去過越南的朋友都對當地的香草料理印象深刻。潮濕溫熱的國家，需要大量的草本香料來驅趕體內的濕氣，所以這道料理最適合夏秋轉換之際。清爽的口感和香草能讓困乏疲憊的身體恢復活力。

材料（2人份）：

越南米粉絲	180克
板豆腐	150克（切成2x2公分）
黃瓜	1根（切絲）
胡蘿蔔	1/2根（切絲）
薄荷、九層塔	各2枝（取葉切碎）
香菜	4枝（切碎）
腰果	1把（平底鍋微火烤香）
芒果	1個（去皮切塊）
苜蓿芽	適量

佐料：

特級初榨橄欖油	1大匙
海鹽	1小撮

A

青檸檬	3個（取汁）
指天椒	1個（切圓片）
椰糖（紅糖）	1量杯
熱水	200毫升
白醋	100毫升
醬油	80毫升
現磨黑胡椒	適量

做法：

1. 鍋內倒入1000毫升的水，煮沸後放入米粉，煮約6～8分鐘，過涼水，瀝乾備用。

2. 以小火煎豆腐至兩面金黃，加點鹽。

3. 將佐料A攪拌均勻，直到椰糖完全溶化。

4. 深碗內放入米粉，以順時針方向放上黃瓜絲、碎腰果、碎香菜、豆腐、碎薄荷、芒果粒、碎九層塔和胡蘿蔔絲，中間以苜蓿芽和青檸角裝飾。另取一碗，倒入做法3的醬汁，根據個人口味，適量倒入米粉沙拉中，一起享用。

foreign cuisine

印尼椰漿飯配加多加多沙拉

我的好朋友將這道菜取名為巴里島的想念。並不是所有人的生活都是一場說走就走的旅行，但我們總可以把旅行時的味道帶回來。

材料：

糙米	1量杯（隔夜浸泡，洗淨）
麵筋	50克（切長條）
豆腐	100克
綠豆芽	100克
胡蘿蔔	1根（切條狀）
刀豆	100克
玉米	1根
櫻桃番茄	8個

佐料：

椰子油	3大匙
香茅	1根（取根部，去皮切末）
班蘭葉	2片
椰漿、水	各1量杯
味噌、味醂	各1大匙
熱水、煎炸油、海鹽	各適量
麵粉	50克
印尼風味花生醬	適量
烤熟的碎腰果或碎花生	適量

做法：

1. 小火加熱椰子油，加香茅、班蘭葉炒香後，將糙米、水、椰漿和香茅、班蘭油一起倒入電子鍋內煮飯。飯煮好後，用湯匙將米飯從下到上拌勻，備用。

2. 蔬菜分別處理。綠豆芽以大火熱鍋加油，炒熟，加少許鹽調味。胡蘿蔔，汆鹽水備用。刀豆以大火熱鍋加油，翻炒一下，加少許水燜1分鐘，加少許鹽調味。櫻桃番茄，對半切，備用。玉米切成適合大小，用火或烤箱烤熟。

3. 味噌和味醂用熱水調開，在麵筋兩面抹上醬料醃製半小時，然後抹去多餘醬料，裹上麵粉，高溫油炸成素扒條。豆腐切成適合大小，做成油炸豆腐。

4. 在盤子內盛上1人份米飯，淋上少許椰漿，依序擺上綠豆芽、胡蘿蔔、刀豆、櫻桃番茄、油炸豆腐、烤玉米，以及用竹籤串的素扒條。

5. 花生醬放在一側，表面撒上適量腰果碎。

foreign cuisine

馬來風味炒河粉

比起湯河粉,我更愛炒河粉,其迷人之處在於每一口都可以吃到大量不同香味和口感的蔬菜與主食,它們在嘴裡完美地融合與綻放。也可以用義大利麵代替河粉來製作這道料理!

材料(2人份):

胡蘿蔔	1/4個(切絲)
捲心菜	1/4個(切絲)
紫甘藍	1/4個(切絲)
綠豆芽	100克
板豆腐	1/2塊(碾碎)
河粉	180克(煮熟備用)
腰果	2把(微火烤香壓碎)

佐料:

花生油	3大匙
橄欖油	適量
良薑	1公分(切末)
檸檬葉	4片(切絲)
指天椒	1個(切小圓片)
醬油	1大匙
椰糖	1大匙
海鹽	適量
青檸檬	1個(取汁)

做法:

1. 鍋內加熱花生油,加入良薑、檸檬葉和指天椒。小火炒2分鐘後,加入胡蘿蔔、捲心菜、紫甘藍、綠豆芽,大火翻炒2分鐘。最後加入醬油和椰糖,翻炒1分鐘,備用。

2. 熱鍋熱油,放入板豆腐,煎至兩面金黃。再放入河粉翻炒幾下,加入已炒好的食材,翻炒均勻,加海鹽,擠入檸檬汁,裝盤,最後撒上腰果碎。

foreign cuisine

越南芒果豆腐春捲

在夏季，我們會在餐廳裡供應清爽開胃的紙皮春捲，胃口不佳時的最佳推薦。新鮮香料、羅望子醬、青檸、金橘等食材是越南料理的必備元素。千萬不要被羅列的食材給嚇到，就算只是包裹著黃瓜，沾上自己喜愛的調料，就是一款夏日的輕食。

材料（2 人份）：

春捲皮	12片（冷水泡軟）
荷蘭黃瓜	1根（切絲）
胡蘿蔔	1/2個（切絲）
苜蓿芽	30克
九層塔葉	24片
薄荷葉	24片
碎花生	1/2量杯
芒果	1個（切12片）
板豆腐	1/2塊（碾碎）

佐料：

A

羅望子醬	150克
金橘泥	25克
香油	1大匙
醬油	2大匙
青檸汁	適量
香菜	適量

做法：

1. 在春捲皮的 1/3 處，依次放上適量的黃瓜、胡蘿蔔、苜蓿芽、九層塔葉、薄荷葉、碎花生、芒果、板豆腐，包成春捲。
2. 將佐料 A 混合均勻，裝盤享用。

Superfood

花椰菜

小的時候，花椰菜是非常稀缺的，市場裡賣的綠花椰菜總是比白色的花椰菜貴一些，相對的家裡吃的次數也少一些。我媽媽做菜喜歡燉煮，以前總是嫌媽媽煮得太軟爛，但不知從何開始，當吃到外面餐廳做的硬挺挺的花椰菜時，總覺得媽媽煮的那種帶點鹹味又軟爛的花椰菜更美味些！

花椰菜是野生高麗菜的改良品種，花椰菜、芥蘭菜、油菜科蔬菜都具有抗癌的效果，其中花椰菜的蘿蔔硫素成分，防癌效果更顯著。

有些小孩似乎不愛吃花椰菜，我的女兒倒是很愛，只要有花椰菜，一碗米飯就能輕鬆下肚。

花椰菜的莖部千萬不要丟棄，去掉硬皮後，把莖部切成一口大小，用鹽醃製，可做成涼菜吃，或切成更小，用來炒飯，脆脆的口感也非常不錯。至於花朵部分，切好後做成鹽水燙花椰菜，儲存在冰箱裡，隨時拿來當配菜。喜歡脆硬口感的，汆燙 40 秒即可；如果和我一樣喜歡柔軟口感的，汆燙 3 分鐘。關於鹽的分量，我的標準是 1 升水放 2 小匙鹽。

花椰菜除了做成沙拉、炒菜以外，還可以挑戰天婦羅、大阪燒，或是壓碎後做成鬆餅。

異國風情香料料理

delicious dessert

part 6

美味甜品

我喜歡使用天然甜，紅糖、椰糖、楓糖、糖蜜、蜂蜜、龍舌蘭蜜、果乾等，只要使用了一次，就會發現這些天然的甜味來源，不僅芳香迷人，營養也相對完整。更重要的是，用它們做出的甜品格外迷人，會給你帶來真正的滿足感。

巧克力慕斯蛋糕

即使和用奶油製成的巧克力慕斯相比,這款純素巧克力慕斯也毫不遜色,祕密是上好的日式絹豆腐和現磨柳丁皮。

材料:

蛋糕	
可可粉	1/2量杯
麵粉	1量杯
泡打粉	3/4小匙
蘇打粉	1/8小匙
豆奶	1量杯
楓糖漿	1/2量杯
芥花油	1/2量杯
海鹽	1/8小匙
檸檬汁	1大匙

慕斯	
黑巧克力(可可脂70%以上)	200克
豆奶	1/2量杯
特級初榨椰子油	1/4量杯
海鹽	1/4小匙
絹豆腐	300克
楓糖漿	1/4量杯
柳丁	1個(磨皮)

做法:

蛋糕部分

1. 將可可粉、麵粉、泡打粉和蘇打粉以打蛋器拌勻,過篩備用。

2. 取豆奶、楓糖漿、芥花油、海鹽和檸檬汁,也用打蛋器攪拌均勻,讓豆乳、楓糖漿和芥花油充分乳化。

3 將做法1和做法2的材料混合均勻,用打蛋器攪拌成麵糊,倒入2個8吋的蛋糕盤中,放入預熱至180℃烤箱內,烤8～10分鐘。可插入牙籤判斷蛋糕是否烤熟,若拔出時沒有麵糊黏在牙籤上,就可放在烤盤中自然冷卻。

慕斯部分

1. 以隔水坐融的方式，將黑巧克力、豆奶、椰子油和海鹽融化，攪拌成均勻柔滑的巧克力醬。注意溫度變化，防止巧克力油水分離。

2. 將絹豆腐、楓糖漿、柳丁和巧克力醬一起用手持攪拌機拌勻。

3. 蛋糕切去邊緣，取 8 吋蛋糕模具，在底部放上一片巧克力蛋糕，倒入適量巧克力慕斯，再放上第二片巧克力蛋糕，倒入剩餘巧克力慕斯。把多餘的巧克力邊緣蛋糕揉搓成巧克力蛋糕碎，灑在慕斯蛋糕表面。放進冰箱，冷凍至少 6 小時。取出蛋糕，冷藏回溫約 2 小時，切成 8 片或 10 片。

delicious dessert

檸檬乳酪蛋糕

初次嘗試做這款蛋糕後，就可以挑戰其他風味的。想要清新口味的，可加冷凍小紅梅粉；喜歡重口味的，可加榴槤果肉。當然，也可以什麼都不加，這個基礎配方本身就非常美味！

材料：

蛋糕底	
椰棗	8個（去核）
熱水	2大匙
杏仁	115克
葵花籽	45克
特級初榨椰子油	1大匙
海鹽	1/8小匙

乳酪	
生腰果	225（隔夜浸泡）
檸檬	2個（磨皮，榨汁）
香草精華	1小匙
特級初榨椰子油	1/3量杯
楓糖漿	1/3量杯
海鹽	1/8小匙
冰塊	2塊
當季水果	適量

做法：

1. 椰棗加少量熱水，先用攪拌機打成泥，然後放入杏仁、葵花籽，用間歇模式打碎至黏稠，放入8吋蛋糕模中壓實。

2. 把椰子油、海鹽和堅果泥放入料理機中，以高速拌勻至沒有顆粒感。

3. 把乳酪的材料倒入模具內，放入冰箱冷凍至少1小時，最後以水果裝飾。

奇亞籽燕麥布丁

這道簡單卻不乏味的食譜，完全可以交給孩子們，他們會非常樂意為全家人準備這樣一道早餐。搭配的水果可以是任何的當季水果，也可以放上葡萄乾、蔓越莓等果乾。

材料（1 人份）：

奇亞籽	3大匙	楓糖漿	適量
燕麥	4大匙	藍莓	5顆
豆乳	1量杯	杏仁片	適量

做法：

1. 豆乳先加熱。在容器內放入奇亞籽後，倒入豆乳拌勻，再加入燕麥攪拌。

2. 冷卻後放入冰箱，冷藏至少需 4 小時。

3. 在布丁上放入藍莓和杏仁片，或自己喜愛的水果和堅果，可根據個人口味加些楓糖漿，攪拌享用。

delicious dessert

香蕉燕麥脆片

早上沒有時間做太複雜的早餐吧！可以事先準備一些這樣的燕麥片，
就算出差不在家，孩子們也能自己弄來吃。這款燕麥片口味棒極了，
又脆又香，我們一不小心就會把它當成零食吃光光！

材料（4 人份）：

香蕉	2個（壓泥）		香草精華	1/2小匙
燕麥片	250克		海鹽	1小撮
杏仁粒	80克		特級初榨椰子油	3大匙（液狀）
南瓜籽	80克		楓糖漿	3大匙

做法：

1. 烤箱先預熱至 200℃，烤盤上放油紙。
2. 碗內混合燕麥、杏仁、南瓜籽、香草精華和海鹽。
3. 在另一個大碗中，加入椰子油、楓糖漿和香蕉泥，並混合均勻。
4. 混合上述做法的材料，用手輕輕地攪拌，讓濕性材料包裹住乾性材料。
5. 把燕麥均勻鋪在烤盤內，烘烤約 10 分鐘，以木鏟翻動燕麥，烤盤旋轉 180 度，繼續烘烤 10 分鐘。烤箱降溫至 150℃，再烤 10 分鐘。如果沒有完全乾，可挑出烤脆部分，其餘部分再烤 10 分鐘，直到燕麥全部變乾為止。
6. 放入罐子之前一定要徹底放涼。

Part 9
美味甜品

145

delicious dessert

布丁鮮果杯

以布丁作為基礎，在不同季節加上不同的水果，無論是下午茶還是早餐，都可以很快速地變出一道點心！

材料（4人份）：

布丁

豆奶	1量杯
椰奶	400毫升
椰糖	6大匙
海鹽	1/4小匙
葛根粉	1.5大匙
水	1/4量杯

做法：

1. 在鍋中加入所有食材，使用打蛋器輕輕拌勻，以小火緩慢加熱，邊加熱邊攪拌，直到鍋內液體微微沸騰，立刻關火，倒入布丁杯中，冷卻後，放入冰箱冷藏至少2小時。

2. 依不同季節，可變化布丁口味：

   ① 芒果泥草莓布丁

   將芒果打成芒果泥，倒在布丁上，加些草莓。

   ② 黑芝麻豆腐泥香蕉布丁

   黑芝麻粉1小匙、絹豆腐2大匙打成泥，倒在布丁上，加些香蕉片。

   ③ 早餐黃桃燕麥布丁

   黃桃打成泥，倒在布丁上，加些乾果和烤脆的燕麥片。

   ④ 香蕉泥藍莓布丁

   半個香蕉加1/4杯堅果奶打成香蕉泥，倒在布丁上，加些藍莓。

肉桂蘋果迷你馬芬

純素糕點的份量都很足夠,所以把大大的馬芬做成迷你型,兩口一個,小朋友也能吃完,是非常不錯的餐間點心。雖然沒有另外放甜味調料,但由於同時富含椰棗和蘋果的香甜,吃起來完全不覺得寡淡。另外,自製的蘋果泥還是很好的嬰兒副食品喔!

材料:

蘋果	4個(切成1×1公分)		肉桂粉	1/8小匙
楓糖漿	1/2量杯		椰子油	1/2量杯(液狀)
檸檬汁	1/4量杯		豆乳	1/3量杯(溫熱)
全麥麵粉	225克		檸檬汁	1大匙
泡打粉	1小匙		核桃仁	50克(切碎)
蘇打粉	1/2 小匙		椰棗	90克(去核切碎)
海鹽	1/4小匙			

做法:

1. 先留下 1/2 量杯的蘋果丁,將剩下的蘋果丁、楓糖漿和檸檬汁混合,放入預熱至 180℃烤箱中,烤 35 分鐘。中途 20 分鐘時取出材料稍作翻動,再放回烤。
2. 把留下的蘋果丁加入 1/2 量杯水,用攪拌機打成蘋果泥。
3. 將麵粉、泡打粉、蘇打粉、海鹽和肉桂粉混合,以打蛋器拌勻,過篩。
4. 使用打蛋器將豆乳、椰子油打成乳化狀態後,加椰子油、檸檬汁拌勻,再放入做法 4 材料和蘋果泥,拌成均勻的麵糊。
5. 在麵糊中加入烤過的蘋果乾、碎核桃和碎椰棗,攪拌均勻。
6. 在模具中刷油。將麵糊均勻裝入迷你馬芬模具中,放入 185℃烤箱,烘烤 10 分鐘。以牙籤測試,拔出不粘即可。如用標準麥芬模具,烘烤時間約 18 ～ 23 分鐘。

椰油香甜曲奇餅

時間滴答滴答流過，令人陶醉的香味從烤箱漸漸布滿整個房屋。冬天的時候，把椰子油換成芥花油，再加入生薑粉、肉桂粉、豆蔻粉，壓成小人模型，就是備受歡迎的薑餅人啦！

材料：

低筋麵粉	360克	楓糖漿	200克
葛根粉	40克	特級初榨椰子油	150克
椰絲	適量	海鹽	1/2小匙

做法：

1. 烤箱預熱至 160℃。
2. 混合麵粉和葛根粉，用打蛋器攪拌均勻，過篩，放入椰絲，拌勻備用。
3. 將楓糖漿、椰子油、海鹽以打蛋器充分拌勻，使油和楓糖漿乳化融合，呈略黏稠的狀態。
4. 混合上述的材料，攪拌成光滑麵團後，蓋上保鮮膜，放入冰箱冷藏 1 小時。
5. 取出麵團，在工作臺上擀成厚 0.5 公分、直徑 2 公分的圓形。
6. 將擀好的麵團放入烤箱內烘烤 10 分鐘，先取出，麵團旋轉 180 度，且溫度降到 150℃後烤 12 分鐘即可。

燕麥能量餅

阿拉伯人視椰棗為天賜之物。據說，一個人一天吃 2 粒椰棗就能維持生命。椰棗是非常棒的果糖來源，有助消化。用椰棗製成的燕麥能量餅，攜帶方便，一天 2 塊，你會愛上它們的！

材料：

椰棗	40個（去核）		椰絲	100克
熱水	2 大匙（適量調整）		葵花籽仁	100克
椰子油	12大匙 （液態）		黑白芝麻	100克
燕麥	200克		蔓越莓	6大匙

做法：

1. 加點熱水和椰子油，將椰棗用手持料理機打碎，不必特別細膩，可保留一些椰棗的顆粒感。

2. 燕麥、黑白芝麻、葵花籽仁、蔓越莓分別用料理機打碎。

3. 將上述食材攪拌均勻，像揉麵團一樣不斷揉搓食材。若過於乾燥，可適量加熱水。

4. 取適量食材壓入烤盤中冷凍 1 小時，切成 2×2 公分的方塊狀。食用時請提前 1 小時回溫。

鷹嘴豆素乳酪

材料：

鷹嘴豆	100克
（浸泡8小時，煮至軟爛）	
腰果	100克（浸泡8小時）
礦泉水	1杯
酵母精華	1小匙

做法：

1. 把所有材料放入攪拌機內以高速攪拌均勻，可根據需求調整水量。放入乾淨的罐中，可冷藏保存 3 天。
2. 配方中沒有加鹽，一來酵母精華本身鹽度極高，二來如果吃不完，還可以做成甜品。總之，像這樣的天賜恩物就要快快吃完。

Superfood

 被稱作豆中之王，具備人體必需的 8 種氨基酸，其蛋白質含量在人體中的吸收率是所有豆類中最高的。此外，富含鉻元素、異黃酮，前者對糖和脂肪代謝中發揮積極的作用，後者可以讓女性皮膚保持水潤，心情愉悅。

但如果不好吃，再有營養的豆子大概也無人問津。偏偏鷹嘴豆兼具營養美味和製作方便，已成為全世界營養餐廳裡必然出現的食物之一，我們用它來製作的素乳酪醬，也經常迷倒一大批人！

easy meal & salad

part 7

元氣蔬果飲 & 天然果醬

如果一年有第五個季節，那一定就是水果季。
我必須承認，水果的魅力太大，除了食用之
外，還可做成果汁、果昔、果泥、果醬和果
乾等。光是果汁的好處，就不勝枚舉：補充
水分和糖分、淨化身體、易消化、增加葉綠
素、抗氧化以及緩解壓力等等。特別注意的
是，水果大多寒性，需在恰當的時間食用，
建議在早上 9 點至下午 2 點！

黃瓜薄荷檸檬水

黃瓜削成條狀,與薄荷、
檸檬一起泡入水中。

超簡單的蔬果風味水

夏日舉行家宴時，搬出平時很少用到的大大小小的玻璃瓶，在瓶中加些香草、水果或花茶，平淡無奇的水跟著華麗起來。水果沒有特別要求，只要是盛產的季節，都可做香味水。

菊花水
把適量菊花加入水中，如體寒者可再加枸杞。

草莓柚子水
葡萄柚切開，草莓對半切，擠一些果汁在水裡，其他的泡入水中即可。

檸檬水

我覺得「一天一蘋果，醫生遠離我」這句養生名言應改成「每日一檸檬，醫生遠離你。」在夏天，餐廳裡的檸檬水總是供不應求。新鮮的檸檬水不僅口味極佳，更是非常棒的身體排毒劑。

基礎檸檬水

檸檬	2個（榨汁）
水	230毫升
龍舌蘭蜜	1小匙
冰塊	適量

橙味薄荷檸檬水

柳丁	2個（榨汁）
檸檬	2個（榨汁）
薄荷	1小把
水	180毫升
龍舌蘭蜜	1小匙
冰塊	適量

薑味檸檬水

薑片	4片（榨汁）
檸檬	2個（榨汁）
水	230毫升
龍舌蘭蜜	1小匙

蘋果黃瓜青檸水

青蘋果	4個（榨汁）
黃瓜	1/4個（榨汁）
青檸檬	1個（榨汁）
冰塊	適量

西瓜檸檬水

西瓜	6片（去皮榨汁）
檸檬	2個（榨汁）
龍舌蘭蜜	1小匙
冰塊	適量

以上食譜的製作方法是將材料混合均勻即可。

soup in solar terms

繽紛果汁

只要是當季的水果，搭配一起總不會出錯。我的喜好是以蘋果汁作為繽紛果汁的基底，再搭配其他水果攪拌其中，有適當的纖維又不會太濃稠。盡量選用有機水果來製作果汁，如果非有機的，一定要去皮喔！

戀人搖滾

材料：

蘋果	2個（榨汁）
柳丁	1個（榨汁）
葡萄柚	1個（榨汁）

做法：

將上述食材放入果汁機中榨汁。

女生說

材料：

薑片	4片（榨汁）
蘋果	3個（榨汁）
紅菜頭	200克（榨汁）
胡蘿蔔	2個（榨汁）

做法：

把所有食材放入果汁機中榨成果汁。

空之櫻花

材料：

蘋果	4個（榨汁）
草莓	6個
酪梨	1/4個

做法：

蘋果先榨汁，再與其他食材一起用料理機拌勻。

綠色小怪物

材料：

羽衣甘藍	2片
芹菜	5根
蘋果	3個
薑	4片

做法：

把芹菜、蘋果和薑用果汁機榨汁後，與羽衣甘藍一起用料理機拌勻。

夏日微風

材料：

蘋果	4個
鳳梨	3片
芒果肉	100克
薄荷葉	3片

做法：

蘋果和鳳梨先榨汁，再與其他食材用料理機拌勻。

酪梨果昔

酪梨的卡路里和脂肪含量在所有水果之中都是最高的，但正是因為這一點，令它具有的飽足感，是製作植物奶昔的絕佳選擇。

想要有濃稠效果的另一個祕訣就是將水果切塊冷凍，這樣攪拌出來的效果會宛如牛奶加霜淇淋一樣令人無法抗拒。此外，我喜歡用椰子水替代純淨水來製作，因為富含各種微量元素的椰子水能及時補充由汗水所損失的電解質。

酪梨香蕉菠菜

酪梨	半個
香蕉	1個（切塊，冷凍）
菠菜葉	1把
椰子水	280毫升

酪梨羅勒鳳梨

鳳梨	3片
新鮮羅勒葉	1小把
酪梨	半個
椰子水	280毫升

酪梨芒果薑

薑	4片
芒果肉	200克（冷凍）
酪梨	1/2個
椰子水	280毫升

酪梨藍莓燕麥

酪梨	半個
藍莓	2大匙
椰子水	280毫升
龍舌蘭蜜	1小匙
燕麥	1大匙

草莓香蕉西番蓮

酪梨	1/2個
香蕉塊	1個（冷凍）
草莓	3個（冷凍）
百香果果汁	100毫升
椰子水	180毫升

酪梨杏仁可可

酪梨	半個
椰棗	4個（去核）
杏仁醬	1大匙
純可哥粉	1大匙
椰子水	280

酪梨腰果香蕉

酪梨	半個
香蕉	1個（切塊，冷凍）
生腰果	2大匙（隔夜浸泡）
椰子水	280毫升

以上食譜的製作方法均為：將所有的食材放入料理機內，低速攪拌一會兒後轉高速攪拌半分鐘。

soup in solar terms

第一次吃到手工果醬是八、九歲的時候，當時鄰居同學的媽媽用草莓熬煮一大鍋可以吃到整粒草莓的果醬，香味四溢，記憶深刻。

低糖草莓果醬

材料：

草莓	1000克（去蒂頭）
蘋果果膠	25克
砂糖	350克
檸檬	1個（取汁）

做法：

1. 草莓洗淨，去除蒂頭；檸檬取汁。
2. 將草莓、砂糖、檸檬汁放在不銹鋼鍋中，靜置至少 4 小時。開火後繼續滾沸約 5 分鐘，撈去雜質，關火，不加蓋，放涼，靜置 2 小時。
3. 2 小時後，將此鍋放回爐上煮開，加入蘋果果膠，用水溫溫度計將鍋內溫度控制在 103 ～ 105℃。以小火煮 15 ～ 20 分鐘，不斷攪拌。
4. 當果醬開始有濃稠感時，關火，趁熱裝瓶。

蘋果果膠

材料：

蘋果	1000克
砂糖	500克
水	200毫升
檸檬	1個

做法：

1. 蘋果洗淨並擦乾，不去皮、不去籽，切成小塊。
2. 準備一口不銹鋼鍋，將蘋果和糖一起拌勻，熬煮約 30 分鐘至蘋果變軟又透明。
3. 取一個篩網，將蘋果果肉取出，壓出果汁，將濾出的果汁再用紗布過濾一次。
4. 如果果膠不立刻使用，請存放進冰箱，就會恢復成果凍狀。

果膠有助於其他水果凝結，又可增加風味。製作果醬時，每 1000 克水果搭配 10% ～ 15% 的果膠。

市售果醬大多加了人造果膠來增加黏稠度和降成本,吃起來只有滿口甜膩。近幾年流行的手工果醬,不是沒有原因的,因為上手容易、應用廣泛且工具簡單。在盛產水果的季節,一定要做些果醬。塗抹在麵包上、做成冰品或加入沙拉醬中,與乳酪共用或加上穀物奶攪拌成水果味穀物奶,吃法十分多元。

藍莓果醬

材料:

藍莓	1000克
砂糖	800克
檸檬	1個(取汁)

做法:

1. 將藍莓、400 克的糖和檸檬汁一起放置於鍋中 4 小時。
2. 將鍋放在爐上煮開,然後放入剩下的糖。大火煮開後轉小火烹煮,不斷攪拌。
3. 當果醬出現黏稠時,持續煮 10 分鐘至果醬呈濃稠感,關火裝瓶。

紅色梅子果醬

材料:

蔓越莓	250克
藍莓	250克
覆盆子	250克
李子	250克
砂糖	400克
檸檬	1個(取汁)

做法:

1. 李子洗淨、去核,切丁放入鍋中,與其他食材一起混合,蓋上保鮮膜,靜置至少 4 小時。
2. 煮開後轉小火,不斷攪拌。30 分鐘後,當鍋中水量減少一半且果醬呈濃稠狀時,關火裝瓶。

果醬裝瓶技巧

1. 裝瓶的容器需煮滾 10 分鐘以上,才能使用。
2. 將容器擦乾,趁熱使用大湯匙將果醬透過漏斗裝入罐中,約 8 分滿。蓋緊瓶蓋,倒扣放置,冷卻後讓瓶子呈真空狀態。

調味方式

1. 依照水果甜度的不同,水果和糖分的比例為 1:0.4~1。
2. 葡萄、荔枝、鳳梨、火龍果、西瓜、番茄等果膠含量較低,製作時可適當添加蘋果果膠。
3. 酸味重的水果,除了加糖,還可添加麥芽糖,增加其風味。甜味重的水果,可加些酸的水果或醋。

元氣蔬果飲 & 天然果醬

烘焙變健康的小技巧

如果你在烘焙這塊園地已打滾多年了，一下子要從傳統烘焙轉換到健康甜品——天然甜、無蛋、無奶又無黃油，還真有點「空懷一身絕技，卻無處可施展」的鬱鬱不得志。

我奶奶的祖傳祕方非常的棒，又可以永流傳，只要巧妙運用食材替換，照樣可以輕鬆駕馭一家人的點心！

選用健康食材

椰子油
代替黃油。

非基轉的絹豆腐
替代雞蛋、奶油。

奇亞籽
替代雞蛋使用，
具有黏合性，可淨化腸道。

腰果
代替奶酪或奶油，
補充優質脂肪。

海鹽
不可缺少的祕訣，
將百味聚在甜中。

楓糖漿
替換精緻糖。

椰棗
天然甜味乾果，
極易消化，甜度高。

配方
替換
大公開

糖類

· 以 1:1 的比例,用甜菜根替代白砂糖。

· 以 3:4 的比例,用楓糖漿替代白砂糖,同時減少 1/4 液體配方。

　例如:原配方白砂糖的量為 60 克,就以楓糖漿 80 克作為替換,同時減少 1/4 液體配方。

· 以 1:1 的比例,用麥芽糖替代白砂糖,同時減少 1/4 液體配方。

油類

· 以 1:1 的比例,用椰子油替代黃油。

· 以 1:1 的比例,用香蕉泥替代黃油。

· 以 1:1 的比例,用酪梨泥替代黃油。

蛋類

· 50 克豆腐可替代一個雞蛋。

· 奇亞籽磨碎加水,以 1:3 的比例混合浸泡,再以 1:1 替代雞蛋。

· 15 克亞麻籽粉和 45 毫升熱水混合均勻,冷藏 5～10 分鐘,可替換一個雞蛋。

奶類

· 以 1:1 的比例,用杏仁奶替代牛奶。

· 以 1:1 的比例,用豆奶替代牛奶。

· 以 1:1 的比例,用腰果奶替代牛奶。

零食挑選技巧

無論是上午、下午還是晚上9點，當身體發出飢餓的訊號時，就應該為身體補充一些能量，以便我們集中精神。此時，堅果和乾果是最方便又健康的選擇喔！那該如何掌握食用量呢？這一頁先列出每100卡路里堅果或乾果所需數量，希望你在吃這些零食時有所幫助！

7 個
無鹽碧根果

2 個
椰棗

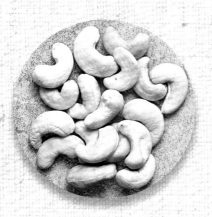

10 個
無鹽腰果

16 克
南瓜籽

8 個
無鹽夏威夷果

35 克
藍莓乾

16 克
葵花籽

30 克
蔓越莓

15 個
無鹽杏仁

教你分辨真假的食品廣告

在食物領域，只有還散發著泥土芳香、掛著晨露的新鮮蔬果才是真正具有能量和療癒力的。任何工業製品，只需要學會看成分表一欄，就能判斷真假！

1

植物黃油、人造奶油

這些類似奶油的東西與植物一點都沒關係，完全是反式脂肪。市場規定只要每份食用量低於 0.5 克，就可號稱「零反式脂肪」，所以即便宣稱自己是零反式脂肪，也有可能只是含量較低而已！就算是含量很低的反式脂肪，對人體也大大不利。

2

無糖

無糖比有糖更不好。所謂無糖，很有可能是加了甜味劑，長期食用恐引發腎衰竭。

3

全麥全穀類製作

並沒有規定使用多少比例的食品才能宣稱自己是全麥。就算只用到了 5%的全麥，或只是添加少量麥麩，商家就能說自己是全麥。如果你吃到的全麥麵包又軟又香，那麼不是全麥的分量微乎其微，就是裡面含有麵包改良劑。真正使用天然酵母發酵的全麥麵包，口感微酸且組織紮實，吃一片就會覺得很有飽腹感！

純淨水

人體 70％ 由水組成，可見水對人體很重要。任何時候，喝水請喝礦泉水，因為所謂過濾而來純淨水雖然是零雜質，但屬於酸性食物，長期食用有害無益！

低脂、脫脂

脂肪是滿足口腹的來源。不論在進行低脂或脫脂的過程中，想要讓它不至於難以下嚥，需要添加更多甜味劑或添加物。要吃就不要太過量，才能維持健康。

無味精

雖然說是無味精，但是雞精、蘑菇精、蔬菜精並不見得比味精好多少。如果成分表內含有化學成分的，就算不是味精，也同樣會對腎臟造成很大的負擔。

飲食 5 大原則：

1. 成分表中有小學三年級的學生唸不出來成分，食物就不要吃。

2. 盡量購買有機蔬果。

3. 不喝過濾出來的純淨水，只喝天然礦泉水。

4. 不要吃不會腐爛的食物。

5. 食用時，抱著快樂、愉悅地的心情去享受。

素西餐速查索引

主食

甜點 & 飲品

主廚獨家配方

輕鬆打造
五星級的素西餐